湖南省水文化资源

研究与调查试点实践

何怀光　杨铭威　周　双　伍佑伦 ◎ 著

长江出版社
CHANGJIANG PRESS

图书在版编目（CIP）数据

湖南省水文化资源研究与调查试点实践 / 何怀光等著 .
—— 武汉：长江出版社，2024.5
ISBN 978-7-5492-9463-3

Ⅰ．①湖… Ⅱ．①何… Ⅲ．①水资源－调查研究－湖
南 Ⅳ．① TV211

中国国家版本馆 CIP 数据核字 (2024) 第 103111 号

湖南省水文化资源研究与调查试点实践
HUNANSHENGSHUIWENHUAZIYUANYANJIUYUDIAOCHASHIDIANSHIJIAN
何怀光等 　著

责任编辑： 郭利娜 张晓璐
装帧设计： 郑泽芒
出版发行： 长江出版社
地 址： 武汉市江岸区解放大道 1863 号
邮 编： 430010
网 址： https://www.cjpress.cn
电 话： 027-82926557（总编室）
　　　　　 027-82926806（市场营销部）
经 销： 各地新华书店
印 刷： 武汉盛世吉祥印务有限公司
规 格： 787mm×1092mm
开 本： 16
印 张： 8.75
字 数： 200 千字
版 次： 2024 年 5 月第 1 版
印 次： 2024 年 6 月第 1 次
书 号： ISBN 978-7-5492-9463-3
定 价： 68.00 元

（版权所有 翻版必究 印装有误 负责调换）

　　水文化是中华文化的重要组成部分，也是水利事业不可或缺的重要内容。习近平总书记十分关心重视水文化，就保护传承弘扬黄河文化、长江文化、大运河文化作出了一系列重要论述和指示批示。水利部历来高度重视水文化建设工作，相继印发颁布了《水利部关于加快推进水文化建设的指导意见》《"十四五"水文化建设规划》等指导性文件，开展了一系列活动，采取了一系列措施，有力推动了水文化建设工作。

　　近年来，湖南省委、省政府高度重视水文化建设，明确要求要全面系统地做好水安全、水资源、水生态、水环境、水文化这篇大文章。

　　湖南省水利厅坚持把水文化建设放在水利事业发展全局的重要位置，系统谋划、高位推动，组织编制了《湖南省水文化建设规划（2021—2035 年）》（以下简称《规划》），并于 2022 年 12 月以湖南省水利厅、文化和旅游厅的名义联合印发，《规划》首次正式提出"水文化资源"的概念，并明确提出研究水文化资源分类、开展水文化资源调查等工作任务。为落实《规划》要求，湖南省水利厅进一步开展了"湖南省水文化建设"相关研究工作，包括湖南省水文化资源分类研究、湖南省县级水文化资源调查试点工作方案和技术方案研究等内容，取得了一系列研究成果，为县级水文化资源调查提供了有力的技术支撑。

　　由于澧县是世界农耕文明的重要发源地，有城头山、彭头山、鸡叫城、八十垱等多处史前文化遗址，水文化底蕴深厚，且澧县高度重视水文化建设，湖南省选择澧县作为试点县开展了为期近 1 年的水文化资源调查试点实践工作，形成了包括"一图""一册""一书""一名录""一报告""一专题片"在内的澧县水文化资源库。

　　本书综合湖南省水文化建设及澧县水文化资源调查试点实践工作，采用文献查阅、实地调查、专家咨询、总结分析、多学科综合研究等多种方法，

前言

对湖南省水文化资源理论及调查试点实践工作进行了全面深入的分析和研究。本书主要包括绪论、水文化资源理论探讨、湖南省水文化资源概貌、湖南省水文化资源分类研究、湖南省水文化资源编码、水文化资源调查试点实践、水文化资源保护与利用研究、结论与展望 8 个章节和物质类水文化资源调查登记表、非物质类水文化资源调查登记表。本书核心成果经十余轮行业专家咨询和审查，数易其稿，不断完善，但由于研究水平有限，再加上水文化资源的概念在学术界尚属首次提出，研究成果尚存在一些不足之处，有待进一步深入研究。

本书的顺利出版受到湖南省水利科技项目"城头山—鸡叫城遗址水利工程研究（XSKJ2023059-03）"资助，在编写过程中得到了湖南省水利厅杨诗君、陈文平、谢胜虎，湖南省水文化研究会颜学毛、张广泽、郭斌、阳立，澧县水利局伍星、孙鸿、任东平、胡宗军、陶中祥等领导和专家的大力指导和支持，同时也感谢编写组成员山红翠、杨思宇、潘雨齐、盛东、徐幸仪、邓中元、刘雅颂、肖熠、石锦、谢平英、罗金明、袁艳梅、胡春艳等参与本书的素材收集与编写工作，衷心感谢他们对本书作出的贡献。

作 者

2024 年 3 月于长沙

目 录

第1章　绪　论

1.1　研究背景及意义

1.1.1　研究背景

水文化是中华文化的重要组成部分，也是水利事业不可或缺的重要内容。习近平总书记十分关心重视水文化，就保护传承弘扬黄河文化、长江文化、大运河文化作出了一系列重要论述和指示批示，明确提出要统筹考虑水环境、水生态、水资源、水安全、水文化和岸线等多方面的有机联系。

水利部党组历来高度重视水文化建设，20 世纪 80 年代就部署探索，21世纪开始大力推进。一是明确水文化建设职能职责。2018 年，水利部机关司局"三定"（定职能、定机构、定编制）方案中正式明确水文化职能，初步形成机关司局主导、直属单位负责、社会团体及其他各方参与的水文化建设工作架构，水文化建设管理的体制机制逐渐完善。二是开展水文化建设工作。2009—2013 年，水利部先后成立中华水文化专家委员会、举办首届中国水文化论坛、颁布《水文化建设规划纲要（2011—2020 年）》。2013—2018年先后实施《水文化建设 2013—2015 年行动计划》《水文化建设 2016—2018 年行动计划》，为水文化建设提供了制度保障和实践依据。为贯彻落实习近平总书记保护传承弘扬黄河文化、长江文化、大运河文化的指示精神。2021—2022 年，水利部相继印发颁布《水利部关于加快推进水文化建设的指导意见》《"十四五"水文化建设规划》，搭建起了水文化建设顶层设计框架，为全国水利系统做好水文化建设工作提供了遵循与指导。

湖南省文源深、文脉广、文气足，水文化载体多样，水文化底蕴厚重。近年来，湖南省高度重视水文化建设，明确要求要全面系统做好水安全、水资源、水生态、水环境、水文化这篇大文章。湖南省水利厅按照水利部和省委、省政府部署要求，将水文化建设放在水利事业发展全局的重要位置，统筹推进水文化保护、传承、弘扬、利用，引领全省水利高质量发展；并于2021年发出了《湖南省水利厅转发水利部关于加快推进水文化建设指导意见的通知》（湘水发〔2021〕30号），提出以治水实践为核心，推动湖南省水文化建设，把握水文化建设工作重点，突出本地特色，加强对水文化建设工作的组织领导，健全制度体系与工作机制，加大水文化建设、管理、传播领域人才培养力度，不断提升水文化建设能力，为新阶段水利事业高质量发展提供有力的文化支撑。2022年12月，湖南省水利厅、文化和旅游厅联合印发《湖南省水文化建设规划（2021—2035年）》。该规划明确了至2035年湖南省水文化建设的目标任务、总体要求和具体举措，是指导全省各级各部门开展水文化建设的基本依据，是推动湖南省水文化大发展大繁荣的战略蓝图。

水文化是个抽象概念，浩如烟海，无处不在，若隐若现，尽管客观存在，但又难以捉摸。为更好地阐述水文化，学术界以水利遗产、水文化遗产等为对象，对水文化进行了深入研究和探讨，丰富了水文化的内涵和内容；近年来，水利部以及江苏、山东、浙江等省份开展了水利（工程）遗产或水文化遗产的申报、认定及管理工作，为水文化建设提供了支撑和载体。但是，学术界和各级管理部门多从"遗产"的视角对水文化进行研究或保护。例如，水利部推出的水利遗产的申报、认定工作，从省级层面来看，水利遗产要求高、数量少，从市（县）层面来看，水利遗产更少，水文化建设缺乏强有力的抓手。此外，存在一些具有特定水文化价值但是不属于"遗产"类型的文化资源。例如，湖南省的水利工程，其不但数量众多、类型丰富，而且具有不同程度的科技、文化、社会、生态等方面的价值，值得人们对其开展深入的研究和开发利用，为水文化建设提供丰富的素材和载体。

因此，为进一步研究、发掘水文化，扩大水文化研究的范围，充实水文化建设的载体，丰富水文化工作的内容，《湖南省水文化建设规划（2021—2035年）》首次正式提出水文化资源的概念，并明确提出研究水文化资源分类、开展水文化资源调查、建立水文化资源库等工作任务。

1.1.2　研究意义

目前，国内外学者提出了水利遗产、水利工程遗产、水文化遗产、文化资源等相关概念，但是鲜见水文化资源的相关研究报道，关于水文化资源的定义尚无文献可参考。要开展水文化资源调查，首先要明确什么是水文化资源、水文化资源如何界定以及水文化资源如何分类等问题。因此开展水文化资源的理论研究是非常有必要的，其对指导开展水文化资源调查试点具有重要意义。

本研究将围绕水文化资源这一全新的概念，参照水利遗产、水文化遗产等国内外已有相关研究成果，从定义、内涵、外延、属性、分类等方面对其进行比较系统和深入的研究，以期为丰富现有的水文化理论体系提供参考和支撑。同时，在省内选择水文化资源基础条件好且地方政府高度重视水文化建设工作的县域为试点，开展水文化资源调查试点实践工作。一方面可以实现理论研究成果的应用实践，以期为全省全面开展水文化资源调查提供可复制、可推广的经验；另一方面通过调查试点工作，可以对现有理论研究成果的不足之处进行完善，进一步提升水文化资源研究成果的科学性、指导性和实践性。

1.2　国内外研究进展

1.2.1　文化概念的历史追溯

（1）中西"文化"概念的词源学追溯

汉语中的"文化"一词是由"文"和"化"两个汉字构成的。"文"的本义指各色交错的纹理，如《说文解字》称："文，错画也，象交叉。"在此基础上"文"又有一些引申义：一是包括语言文字在内的各种象征符号；二是由伦理之说导出的彩画、装饰、人为修养之义；三是在前两层意义之上，引出美、善、德行之义[1]。"化"的本义为变化、改变、生成、造化等，如《庄子·逍遥游》："化而为鸟，其名为鹏。""文"与"化"并联使用，较早见于战国末年的《周易·贲卦·彖词》："观乎天文，以察时变；观乎人文，以化成天下。"后半句大意为观察人类社会创造的文明礼仪及各种文化现象，用教化的手段来治理天下。西汉的《说苑·指武》正式将"文"与"化"合成一个整词："凡武之兴，为不服也。文化不改，然后加诛。"该句表明了治理国家时文治教化的重要性。西晋《补亡诗·由仪》中的"文化内辑，武功外悠"也强调了需要文治修远和人伦教化的治理手段。可见，中国古代的"文化"指"以文教化"，本属精神领域范畴。

在西方，"culture"的词源是拉丁语的"cultura"，是由表示"居住、耕作、尊敬"的拉丁语动词"colere（colo）"派生而来的名词，表示"耕作、饲养、尊敬"，另外在基督教的著述中，其还具有"崇拜"的意思。拉丁语的"cultura"一词先翻译至法语的"couture"后才有英语译词"culture"，该词首先进入的是法语世界，进入英语世界是在15世纪[2]，似乎英语中的该词是从法语中取得的。17世纪末编纂的《通用词典》中指出"culture"的本义为"人类为使土地肥沃、种植树木和栽培植物所采取的耕耘和改良措施"[3]。18世纪，西方语言中的"culture"一词的词义与用法发生变化，如在法语中"culture"逐渐指训练和修炼心智、思想、情趣的结果和状态，指良好的风度、文学、艺术和科学[4]。19世纪末，"culture"开始意指"一种物质上、知识上和精神上的整体生活方式"。如此，"culture"的词义由最初的应用于农业层面，被扩大至人类知识、精神、美学等层面。

综上，古代中国注重将"文化"作为相对于武力而言的统治手段，意为"以文化天下"。西方偏向将"culture"看作一个可以包罗人类社会万象的集体名词。

（2）中西"文化"概念的多方阐释

19世纪中叶，人类学、社会学、文化学等学科在西方兴起，文化问题才摆脱朦胧的"前科学"状态而得到广泛的探究、阐发。例如，《文化，关于概念和定义的检讨》一书中统计，文化的定义达160余种，分为记述的、历史性的、规范性的、心理的、结构的、发生的定义[5]。加拿大学者谢弗在《文化概念》中分为哲学的、艺术的、教育学的、心理学的、历史的、人类学的、社会学的、生态学的和生物学的文化概念[6]。本节选取有代表性的中外学者的文化概念阐释，摘录如下：

1）西方哲学家的论述

德国启蒙思想家赫尔德在《人类历史哲学概要》中说明了文化的三个特征：一是作为一种社会生活模式；二是代表一个民族的精华；三是有明确的边界，作为一个区域的文化会区别于其他区域的文化。

2）西方人类学家的论述

英国人类学家泰勒在《原始文化》一书中指出，文化或文明是一个复合总体，包括作为社会成员的人所习得的知识、信仰、艺术、道德、法律、习俗以及任何其他能力和习惯。

美国人类学家博厄斯认为，文化是由特殊历史过程造就的统一体，而非普通进化阶段的反映，包括社区中所有习惯、个人对其生活的社会习惯的反应及由此而决定的人类活动。

英国社会人类学家马林诺斯基认为，文化是适应性回应的整合系统，提出"文化是指那一群传统的器物、货品、技术、思想、习惯及价值而言的，这概念包容着及调节着一切社会科学"。

美国人类学家格尔茨主张的文化概念实质上是一个符号学的概念。他认为文化是一套由象征有机结合而形成的意义体系，所谓文化就是这样一些由人自己编织的意义之网。

3）西方社会学家的论述

美国社会学家布莱斯蒂德将文化视为社会共享的价值观念和行为特征等，包括一切习得的行为、智能和知识、社会组织和语言，以及经济的、道德的和精神的价值系统。

4）西方文学家的论述

英国诗人、评论家阿诺德认为，文化是人类所思、所表的最好之物，文化是对完美的追求，旨在让人性的各个方面和社会的各个部分得到协调发展。

美国诗人、剧作家和文学批评家艾略特认为，文化是共同生活在同一地域的某个民族的生活方式，见之于该民族的艺术、社会制度、风俗习惯和宗教之中。

英国文化批评家威廉斯认为，文化的理想性的定义是把文化看作是人类尽善尽美的一种状态或过程；文化的文献性的定义是人类理智性的与想象性的作品记录；文化的社会性定义是人类特定生活方式的描述。

5）近代中国学者的论述

近代以来，现代文化概念引入中国之后也被不断定义。

蔡元培认为，文化是人生发展的状况，如医疗卫生、衣食住行、政治、经济、道德、教育等。

梁漱溟认为，文化是一个民族生活的种种方面，涵盖精神生活、社会生活和物质生活方面。

陈独秀认为，文化是对军事、政治（指实际政治）、产业而言，包含科学、宗教、道德、美术、文学、音乐。

毛泽东在《新民主主义论》中对文化进行了社会结构的定位，认为一定的文化（当作观念形态的文化），是一定社会的政治和经济的反映，又给予伟大影响和作用于一定社会的政治和经济。

综上，文化概念具备跨学科性和多话语性，对文化的理解可谓"智者见智"，因此要弄清文化这一概念，需要明确以下几个关键点：①文化的主体是人类，文化即"人化"，文化是人类实践的产物；②文化的本质属于观念形态，但其作用并不限于精神领域，文化会反过来塑造人、引导社会；③文化具有多元性，即有多维的结构，有多样的形式，会因地域、历史、民族等因素存在差异。

党的十八大以来，习近平总书记多次就中华文化与文化自信的重要性进行阐述。在新时代背景下，文化已被看作一个国家、一个民族的灵魂，关乎国家振兴、民族富强。

1.2.2　水文化概念的源流

（1）国内视野中的水文化

1）水文化发展历程

随着社会经济的快速发展，为了加深对水利发展规律的认识，寻求人与人、人与自然和谐相处的方法，水文化引起社会的更多重视，水文化管理体制不断完善，水文化研究活动持续开展，水文化理论研究不断深入，由此也出现了众多水文化研究成果，有《中华水文化概论》《水文化研究（全八卷）》

《水与中华文明》《水与文学艺术》《水之行》《上善若水：源远流长的水文化》等。

本节参照许诗丹等[7]的国内水文化发展历程框架和国内水文化发展最新进展，将国内水文化发展历程分为以下 4 个阶段：

一是酝酿阶段。20 世纪 80 年代，各行各业都在研究各自的文化，因水利有 5000 年的文化积淀，水文化研究也应运而生。"水文化"一词首次出现在 1988 年 10 月 25 日淮河流域宣传工作会议上，时任淮河水利委员会宣传教育处处长的李宗新在《加强治淮宣传工作，推进治淮事业发展》的讲话中说"现在有人提出要开展水文化的研究……研究水文化与人类文明、社会发展的密切关系……"水文化研究的倡议发出后引起了巨大反响，从相关成果看，该阶段尚属从行业文化的角度研究水文化。

二是起步阶段。1993 年，在中国水利文协第三届理事会上成立了水文化研究会，标志着我国水文化研究事业开始有组织地发展起来；1994 年，《水文化》刊物面世；1995 年，第一次全国水文化研讨会召开；1997 年，第二次全国水文化研讨会召开，上会论文以研究水利行业相关的企事业文化、校园文化和区域文化为主，研讨会上也出现了多学科角度研究水文化的成果。

三是发展阶段。1998—2008 年，我国先后召开了多次水文化研讨会。随着水利事业的发展和更多涉水问题的提出，水文化研究组织和民间水文化研究团体也随之兴起，水文化相关的研究论文和著作大量出版。2010 年，中国首届水文化论坛在济南市召开，该论坛由水利部精神文明建设委员会办公室、中国水利文学艺术协会、中国水利学会共同发起，中国水利水电科学研究院承办，论坛主题为"水文化与可持续发展水利"。2011 年，中共十七届六中全会提出从文化的角度对河流、水利、涉水工程等进行研究，重新审视水与人的关系，为此水利部颁发了《水文化建设规划纲要（2011—2020 年）》，此为指导水文化建设的第一部政策性文件。

四是新发展阶段。2013 年 8 月 23 日，成立了中华水文化专家委员会，旨在打造一个水文化研究高端人才的聚集中心、水文化创新成果转化的交流中心、推动水文化建设的智囊中心。2013 年，水利部颁布了《水文化建设2013—2015 年行动计划》，提出坚持水利科普与理论研究相结合，动员社会力量共同推进水文化研究。2018 年，水利部印发《水文化建设 2016—2018 年行动计划》，提出要在加强水利精神文明建设中弘扬水文化，在节水、治水、管水、兴水进程中建设水文化，在水情教育和公益宣传中传播水文化，在加强遗产保护与利用中传承水文化，在加强思想政治研究中研究水文化。2018 年，水利部机关司局"三定"方案中正式明确水文化职能。2021—2022 年，水利部相继印发颁布《水利部关于加快推进水文化建设的指导意见》《"十四五"水文化建设规划》，进一步指导和推动了各地水文化事业的建设和发展。该阶段，多省水利系统与单位都成立了水文化研究组织，重庆、浙江、湖南等地相继成立了省级水文化研究会。

2）不同学者对"水文化"的解读

国内水文化概念首次在水利部门提出，相关学者大多来自水利行业，故早期水文化的定义行业性特征较为明显。例如，将水文化视为"水利界根据本民族的传统和本行业的实际，长期形成的共同文化观念，传统习惯，价值准则，道德规范，生活信念和进取目标"[8]和"以水利人为主的社会成员在处理人水关系的实践中创造的以精神成果为核心的各种成果的总和"[9]等。尽管许多学者在谈及水文化时常罗列案例详细述之，但还未建立全面、准确的概念框架。随着越来越多的学者跨出单一行业或学科的视角，关于水文化的定义式概念，出现了多种解读。例如：

冯广宏[10]认为，水文化应侧重于人类开发、利用、保护、控制、管理水资源的过程中产生的精神文明方面，包括：逐步认识自然水形成过程中的知识、总结借水为喻的种种哲理、与水接触所遗存的历史轨迹、与水接触所传播的生活习俗与信仰和受水环境感染而产生的美学表现等。

李宗新等[11]认为，广义的水文化是人们在水事活动中创造物质财富和精神财富的能力和成果的总和；狭义的水文化是观念形态的文化，主要包括与水有密切关系的思想意识、价值观念和精神成果等。

郑晓云[12]认为，水文化是人类认识水、利用水、治理水的相关文化。它包括人们对水的认识与感受，关于水的观念，管理水的方式、社会规范、法律，对待水的社会行为，治理水和改造水环境的文化结果等。

李可可[13]认为，水文化是指人类社会在逃避水灾、兴水之利、除水之害、保护水资源及与此相关的历史实践活动中所形成和创造出来的物质文化与精神文化的总和。水文化既包含人类社会经济处于低级阶段时所形成的精神、信仰，又包括社会经济达到一定规模和水平后所创造、产生的物质文化以及制度、技术等精神文化。

靳怀堾[14]认为，水文化是指人类在与水打交道的过程中所创造的物质财富和精神财富的总和，是人类认识水、开发水、利用水、治理水、保护水、鉴赏水的产物。

根据以上这些水文化的概念不难得出，水文化的概念有几个关键点需要把握：①属于文化的范畴；②通过人类与水密不可分的实践活动所创造；③形成需要经历一定历史过程；④是物质和精神财富的总和。

3）水文化研究重点领域

如今，国内学者的水文化研究聚焦在水文化理论、水和中华文化的关系、区域水文化、民族水文化、水文化应用等方面，涉及水利学、社会学、人类学、地理学、历史学、经济管理等多个学科。不同学科的研究方法和视角为水文化的多面向探讨提供了丰富的理论支撑和实证材料。特举几例：

在水利水电工程领域，研究水文化常与水工程相结合，除了分析水工程中水文化要素的表现形式和内涵价值外，还会研究水工程与水文化融合发展的途径。例如，高倩等[15]根据西安现有水工程现状，分析了工程设计中水文化展现方面尚存的优缺点，强调要在水利规划和工程设计中增加文化元素。此外，研究水文化还会紧扣习近平生态文明思想、绿色发展理念等。例如，刘七军[16]认为基于我国所面临的严峻的水情、水污染、水资源过度开发等问题，需要在节水型社会建设中构建水文化价值体系。

在社会学、人类学领域，从学科视角出发，水文化是围绕水而产生的、与水有关的一切文化事象，它包括水技术和工具，水规约和习俗、水崇拜与水神信仰，是一个涵盖非常广的符号体系[17]，是信仰、技术、制度三元结构的有机整合[18]。相关学者通常会运用田野调查手段，分析某个地区、某个民族的水文化习俗及其象征意义，揭示其中蕴含的"人水关系"的思维模式与思维观念，"水"与地方发展的关系以及"基于水的文化"在当代的价值等。例如，艾菊红[19]开展了傣族水文化研究，论述了傣族水文化的成因，分析了水文化在傣族民众生产生活、人居环境、人生仪礼、哲学观念等方面的体现以及功能,梳理了傣族的水文化特征,提出了傣族水文化的价值问题;周大鸣等[20]以湖南通道独坡乡上岩坪寨为个案,探讨了与"水"相关的侗族地方社会文化,解析了水与信仰文化、生态文化、制度文化的关联过程;黄龙光[21]分析了西南少数民族水文化的社会功能,包括生态系统维系、物质生产促进、宗教精神寄托、民族文化传承与地域社会整合等5个方面。

在建筑科学与工程领域,如何将水文化用于城乡建设成为热点。例如,李晟等[22]指出"美丽乡村"景观建设中要以水文化中的艺术观念、生态观念为指导,从物质和精神层面保护与传承原有水文化公共场所;李俊奇等[23]以湖州市为例,探讨了海绵城市建设中水文化保护与传承的新思路方法,包括保护与修复水文化载体、构建"水文化+水景观"生态体系等。

在文史哲领域,有较多关于中华水文化的讨论。例如,肖冬华[24]认为中国古代水文化是体现人水关系的文化,"人水和谐"是中国古代水文化的共同诉求,在中国语言文字、古代哲学思想、古代宗教思想中可以有所发现,"人水和谐"的传统水文化至今依然有重要的现实价值;史鸿文[25]认为中华水文化的精髓是"人水和谐",经历了一定的递进过程,"人水和谐"的基本特征有核心性、概括性、发展性、民族性和积淀性。

（2）国际视野中的水文化

国外在水文化方面的研究内容相对零散,并且通常都是引申到水文化遗产、水文化实践等方面。

1）水文化研讨情况

20世纪80年代,生态环境问题变得尤为突出,人们开始重视文化因素在水环境治理、在应对全球水环境变化挑战过程中的作用,由此水文化成为一个热点领域。1999年,国际水历史学会正式成立,是全球性水文化对话和研究、推广平台建设的开始。目前,每年在国际层面上还有很多涉及水文化研究的学术与公众活动。例如,2006年,联合国教育、科学及文化组织（以下简称"联合国教科文组织"）将第14个世界水日的主题定为"水与文化",该主题与联合国教科文组织有关水的管理和支配的信念紧密相关;2008年,联合国教科文组织正式设立"水与文化多样性"项目,标志着政府间组织在国际层面上对水文化的研究、建设和应用的全面推广；2021 年 11 月 18 日，由中国水利水电科学研究院和联合国教科文组织联合举办的第一届水文化国际研讨会以"水与文明：水文化的传承与创新"为主题，来自亚洲、美洲、欧洲、非洲的多位专家学者参与了讨论。

2）国际上对水文化的关注点

主要集中在以下几个方面：一是有关水的文明史、利用史；二是世界不同民族、国家以及不同文化背景中的人们对水的观念、认识、宗教信仰以及使用和利用水的社会规范、行为模式等文化要素；三是人类在改造水环境的过程中形成的有文化内涵的物质结果；四是当代人类的水文化价值观、使用和管理水的行为模式、社会规范等；五是水教育体系的构建，含学校与公众教育[26]。

1.2.3 已有相关研究

国内关于水利遗产、水文化遗产的研究较多，浙江、江苏、山东等省份开展了相关的调查实践，但是现行关于水文化资源的研究和调查较少。水文化资源属于文化资源的范畴，梳理分类学、水文化、文化资源、水文化遗产、水利遗产等的相关研究，可以为水文化资源分类研究提供思路和方向。

（1）分类学研究

分类是指根据事物特征的差异性和相同性进行归类，分类学是区分事物类别的学科。广义分类学就是系统学，指分门别类的科学；狭义分类学特指生物分类学。分类系统是阶元系统。在生物学中，通常分类系统按层级依次包括：种、属、科、目、纲、门、界，其中种（物种）是基本单元。分类学广泛应用于自然科学和社会科学的实践和探索中。例如，在景观分类中，师庆东等[27]采用分类的方法，主要依据景观发生的主导因子进行分类，将景观分为四个等级；苑利等[28]提出三分法和七分法两种非物质遗产分类的方法。其中，三分法将非物质遗产分为 3 个大类，七分法则分为 7 类，他在实践中发现，三分法简洁明了，好理解，便记忆，易把握，好操作。在自然资源领域，分类学的应用最为广泛，在林业、矿产、土地等行业都将分类用于实践管理中。例如，孙兴丽等[29]采用了空间属性、资源要素、用途功能等方法，归纳了自然资源的一般分类体系——三级分类结构。具体是一级类依据空间属性进行划分，二级类依据资源要素进行划分，三级类依据用途和功能进行划分。通过上述各行业、领域分类的研究可以发现，分类是掌握信息的一种高效、便捷的方法，在实际应用中，要把握事物的本质和差异，以某一种主要因素进行分类，可以根据需要按层级细分，同一层级类别越少。

（2）水文化分类研究

学术界从形态、地域、民族等方面对水文化进行了分类研究。《中华水文化概论》将水文化划分为5类，即地域水文化、物态水文化、行为水文化、精神水文化、时代水文化[11]。吕娟[30]从4个层面对水文化进行分类，一是按层次分为意识形态类水文化、行为规范类水文化、物质形态类水文化；二是按地域分为中国水文化、外国水文化或区域水文化、流域水文化；三是按民族分为汉族水文化、少数民族水文化；四是按团体分为行业水文化、企业水文化、宗教水文化等。许诗丹等[7]在此分类基础上进一步深入研究，明确地域水文化、物态水文化、行为水文化、精神水文化、时代水文化的内涵特征，地域水文化是水文化的空间分类，如西南地区水文化、河南地区水文化等；物态水文化是以物质形态存在的水文化，如水形态、水环境、水工程等；行为水文化是人们在水事活动和社会实践中形成的水文化，包括饮水、治水、管水等方面的水文化；精神水文化是人们与水打交道的过程中形成的心理积淀，如水哲学、水精神、水文艺等；时代水文化是水文化在时间上的存在形式，可分为史前水文化、古代水文化、近代水文化、现代水文化等。

（3）文化资源研究

水文化资源是文化资源的引申，文化资源的分类方法和思路对水文化分类也有指导和借鉴意义。学者们围绕文化资源分类方法、分类体系开展了研究。王雁[31]按照形式将文化资源分为物质类文化资源和非物质类文化资源两类，再将物质类文化资源细分为地上遗存、地下遗存、可移动文物等3类，非物质类文化资源细分为人们的生存样式、社会制度、思想学术、文学艺术、技术技艺、历史名人、历史文献等8类。高乐华等[32]构建二级海洋文化资源分类体系，一级主类按照自然条件分为海洋景观资源、海洋遗迹资源、海洋文艺资源、海洋民俗资源、海洋娱教资源和海洋科技资源等6个主类，二级按照功能分为 32 个亚类，这种分类体系在山东半岛蓝色经济区海洋文化资源调查中已应用和实践。张泰城[33]从建设红色文化资源数据库的需求考虑，构建红色文化资源二级分类体系，一级红色文化资源按照物质属性分为 10 个大类，二级按照功能、年代等分为 114 个子类。

（4）水利遗产研究

学术界对水利遗产概念进行了探讨研究，代表性较强的观点有：陈海鹰等[34]认为水利遗产是人类在长期与水的交往实践中创造的物质和精神财富；张念强[35]认为水利遗产是人类为了防洪除灾、兴修水利以及其他同水进行接触过程中修建的具有一定价值的水利工程、辅助设施以及水神崇拜设施和水利档案。学术界基于研究角度不同，对水利遗产的定义不同，尚未形成较为公认的统一的概念。

为推动水利遗产的保护与利用，2021 年，水利部下发《水利部办公厅关于开展国家水利遗产认定申报工作的通知》，启动国家水利遗产认定工作。江苏、山东等地积极开展了水利遗产认定相关工作。2021 年 12 月，江苏省率先公布首批省级水利遗产名录，共计 117 处，包括闸站工程、河道堤防、水文观测、灌溉工程、水库大坝等类型。首批水利遗产的形成时间从春秋战国时期跨越至社会主义革命和建设时期，空间分布辐射全省，无锡、扬州等地实现县（区）层面全覆盖，在江苏水利发展史上具有标志性意义。2023 年 4 月，山东省印发《山东省水利遗产认定标准及管理办法（暂行）》，明确了水利遗产概念、遗产价值评估、申报与认定程序、管理要求等内容，旨在进一步加强水利遗产保护与传承，科学、合理地开发利用，规范指导山东省水利遗产申报工作。

许多学者也探讨了水利遗产保护与利用的模式。例如，钟燮[36]通过实地考察、归纳总结其他地区的典型经验，探索了槎滩陂水利遗产的保护方案，即完善主体工程、提高管理水平、加强研究宣传和加大资金投入，还提出了水利遗产保护性开发的建议，即建设带有 8 个功能区的水利风景区；李云鹏等[37]基于大运河水利遗产的特性和实际，在基本原则、制度保障、行动实施、基础研究和宣传展示等方面提出了建议；李淑倩[38]对呈跨区域、线性分布的东江—深圳供水工程线性水利遗产开展了研究，提出了制度建设、区域保护体系建构、单体分类保护、协同管理等保护与再利用思路。

（5）水文化遗产研究

汪健等[39]将水文化遗产定义为人类在水事活动中形成的具有较高历史、艺术、科学等价值的文物、遗址、建筑以及各种传统文化表现形式。水文化遗产是水文化传承的核心价值和表现形式，是我国文化遗产的重要组成部分。另外，谭徐明[40]认为水文化遗产是历史时期人类对水的利用、认知所留下的文化遗存；水文化遗产以工程、文物、知识技术体系、水的宗教、文化活动等形态而存在；将"水利遗产"定名为"水文化遗产"更能反映遗产的属性和内涵。

为落实水文化建设工作要求，各地积极探索、推进水文化资源水文化遗产调查、研究等实践工作。其中，浙江省、河南省郑州市等省、市开展了一系列工作，并取得了良好的成效。浙江省组织开展了水文化遗产调查工作，并印发了《浙江省水利厅关于开展重要水文化遗产调查的通知》（浙水办〔2021〕7号），对水文化遗产调查工作进行了总体部署，对于全省水文化遗产摸底工作具有重要作用。2018年，郑州市对全域水文化遗产进行全面普查，形成了《郑州市水文化遗产（初选）名录》。为进一步强化水文化遗产保护，郑州市出台了《水文化遗产认定及价值评价导则》（DB4101/T 10—2019）。该地方标准构建了郑州水文化遗产评价指标体系，提出了评分定级、直接定级、破格定级等认定及价值评价方法，明确了水文化遗产认定程序。该标准的出台具有创新意义，可为各地探索制定水文化遗产认定标准提供借鉴。

许多学者也对水文化遗产的保护与利用开展了相关研究。霍艳虹[41]探讨了"文化基因"视角下京杭大运河水文化遗产的保护与利用，在保护方面可采取文化战略转嫁、文化符号提取植入、克隆再生与生态保育的传承模式；在利用方面应注重数字化利用、生态化利用、建立"线性旅游廊道"等。谭朝洪[42]基于永定河（北京大兴段）流域的水文化遗产保存与管理现状、物质水文化遗产综合价值评估结果，从本体保护、生态保护、强化管理和遗产廊道构建等方面提出了保护对策。高竹军等[43]认为开发利用成都市水文化遗产应树立水文化品牌、打造水利工程名片、打造城市水文化地标。

（6）水利风景区研究

水利风景区，是指以水域（水体）或水利工程为依托，具有一定规模和质量的风景资源与环境条件，可以开展观光、娱乐、休闲、度假或科学、文化、教育活动的区域。水利风景区分为水库型、湿地型、自然河湖型、城市河湖型、灌区型、水土保持型等 6 类。水利风景区的概念具有中国特色，由水利部首次提出。水利风景区是建设生态文明和推进"十四五"规划的重要载体，截至 2023 年，水利部认定的国家水利风景区共 921 家。

专家学者们围绕水利风景区规划、管理、开发等开展了一系列研究，既有定量研究亦有定性研究。在定量方面，张建国等[44]选取绍兴市两处水利风景区为研究对象，通过构建游客感知测度模型，揭示了游客感知与游客满意度及忠诚度之间的关系；胡静等[45]运用 GIS 空间分析技术和空间计量地理方法，分析了国家级水利风景区空间分布特征及交通可达性；曹静怡等[46]以开封柳园口水利风景区为研究对象，从物质产品、调节服务和文化服务 3个方面进行了生产总值核算，为准确评估水利风景区综合效益提供了方法参考。在定性方面，余凤龙等[47]对水利风景区的运行问题开展了思考，认为应该提高准入门槛、科学编制景区规划、实行"四权分离和制衡"的管理体制、打造"水利风景区"品牌；马云等[48]认为应该将水文化作为城市水利风景区规划的关键，并以巴城湖水利风景区规划为例，提出从水文化本体传承和客体传承两个层面向探索规划方法。

1.2.4 研究评述

综上所述，通过水文化规划和规章制度的颁布、水文化研究机构以及研究会议的举办，极大地推动了水文化的建设，扩大了水文化交流的范围，也使得水文化研究范围不断拓展，由水文化内涵及外延逐渐拓宽到水文化分类研究等方面，水文化研究经历了长时间的实践和探索，理论体系日趋成熟。有关水文化、文化资源、水利遗产、水文化遗产的分类方法，目前主要按照形式、属性、功能等分类方式在各类研究和实践中已经得到了应用，层级分类的结构普遍用于各类资源的分类实践中，尤其是海洋文化资源的二级分类体系已在文化资源调查中成功应用。但是关于水文化资源的概念及分类尚未见相关报道，文化资源尤其是海洋文化资源与水文化资源具有高度相似性，因此，海洋文化资源这种层级分类的结构体系以及按形式、功能分类的方法可作为水文化资源分类研究的重要参考。

1.3 研究方法与技术路线

1.3.1 研究方法

（1）文献查阅法

文献查阅法是一种通过查阅和分析已有文献来获取研究所需信息的方法。这种方法广泛应用于各个领域的研究中，包括社会科学、自然科学、医学等。本研究通过收集水文化、水利遗产、水文化遗产、水利风景区等相关领域的学术论文、图书、电子信息等相关资料，系统梳理、全面了解水文化资源相关概念的研究进展，提炼已有研究成果和不足之处，为水文化资源研究提供参考和借鉴。

（2）调查法

调查法是指通过系统地收集、整理、分析和解释数据，以揭示某一现象、问题或社会事实的本质和规律的方法，广泛应用于多个学科领域。调查类型包括普查、抽样调查、全面调查、重点调查等，主要调查方法有网络调查、问卷调查、走访调查等。本研究主要通过实地走访、座谈交流等方式，开展水文化资源溯源清查、全面普查、重点调查，了解水文化资源现状及保护基本情况，并通过现场拍摄、航拍等方式获取实地资料，填写水文化资源调查登记表，为研究的开展提供基础素材。

（3）多学科综合研究法

多学科综合研究是指在特定课题或问题的研究过程中，整合并应用来自不同学科的知识、理论、技术和方法的一种研究方法。该方法旨在更全面、深入地理解研究对象，挖掘其内在规律和特征。本研究针对水文化资源的特征，组合所有适用学科如考古学、历史学、文献学、自然科学等技术手段和方法，联合水利、考古研究和文物保护、旅游、农业农村、档案管理、地方志编纂等相关部门，开展基于水利学、历史学、社会学等多学科的综合研究，为研究成果的科学性和完整性提供支撑。

（4）分类法

分类法是一种根据事物的本质特征或属性，将它们划分为不同类别的研究方法。分类法广泛应用于各个领域，包括图书馆学、信息科学、生物学、地理学等。通过分类法的运用，可将大量繁杂的水文化资源分门别类，实现资源的条理化、系统化，从而构建较为完整的水文化资源分类体系，为人们认识水文化资源提供更为直观的向导。

（5）专家咨询法

听取行业内权威专家的意见，多渠道、多方式开展专家咨询。一是向上咨询和向下咨询相结合，既咨询水利部等上级部门专家的权威意见，又听取市、县等基层水利、文物等有关专家的意见；二是注重咨询意见的全面性、广泛性，听取水利、文化、历史、考古等多个行业的专家意见，以更好地完善研究成果。

1.3.2 技术路线

本研究在梳理总结水文化、文化资源、水利遗产、水文化遗产等理论的研究现状的基础上，提出水文化资源的内涵及外延，分析湖南省水文化资源特点，构建湖南省水文化资源分类体系，并将成果应用于水文化资源调查实践，最后提出水文化资源保护和利用的思路举措。技术路线如图1-1所示。

1.4 研究内容

（1）水文化资源理论探讨

结合国内外学者关于水文化的相关研究成果，探讨水文化资源的定义、内涵、外延、属性、作用等，并重点分析水文化资源与水文化、水文化资源与文化资源、水文化资源与水文化遗产等概念之间的相互关系。

（2）湖南省水文化资源特点研究

在探讨水文化资源一般属性的基础上，结合湖南省自然地理、人文特征等因素，探讨湖南省水文化资源的特性，挖掘湖南省典型水文化资源。

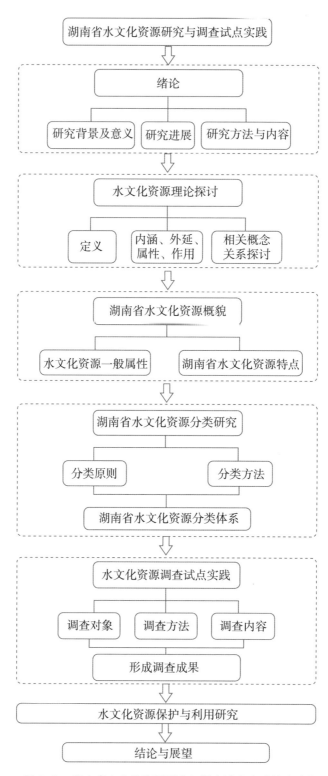

图1-1　湖南省水文化资源研究与调查试点实践技术路线

（3）湖南省水文化资源分类研究

通过查阅相关文献资料，参照文化资源等已有分类研究成果，提出湖南省水文化资源分类原则、分类方法，形成湖南省水文化资源分类体系。

（4）湖南省水文化资源编码研究

结合工作实际和管理需求，研究提出湖南省水文化资源编码的原则、要求及基本规则，为水文化资源调查与管理提供支撑。

（5）水文化资源调查试点实践

选择水利资源和文化资源丰富的县域作为水文化资源调查试点县，制定调查技术方案，组织开展内业和外业调查，形成县域水文化资源库。

（6）湖南省水文化资源保护与利用研究

分析湖南省水文化资源保护与利用现状，探讨水文化资源保护和利用的基本原则、主要思路和基本举措。

第2章 水文化资源理论探讨

2.1 水文化资源的定义

2.1.1 文化与水文化的定义

文化有广义和狭义之分，参照我国权威工具书《辞海》可得出，广义上的文化指人类社会发展过程中所创造的全部物质财富和精神财富的总和；狭义上的文化指精神生产能力和精神产品，包括一切社会意识形式，即自然科

水文化特征

（1）水文化是一种母体文化

世间万物都离不开水，水是生命之源，没有水，就没有生命，没有人，就没有文化。因此水是文明之源，也是文化之源，水文化渗透到所有文化的各个方面，是各种文化形态的母体文化。湖南省118个县（市、区）城区均与水相邻。

（2）水文化是一种客观存在

水文化是在人类社会发展进程中形成的，是人们在与水相伴、相争、相和的实践中形成的。水文化的客观存在性源于其社会实践性。

（3）水文化形式多样、无所不在

有不同空间存在的黄河水文化、长江水文化、湘江水文化等流域、地域水文化；有时代的水文化、民族的水文化、工程水文化、文学艺术的水文化、民俗的水文化等。

学、技术科学、社会意识形态，有时又专指教育、科学、文学、艺术、卫生、体育等方面的知识与设施。

水文化也有广义和狭义之分。广义上的水文化指人们以水和水事活动为载体创造的一切与水有关的文化现象的总称，即人们以水和水事活动为载体创造的物质财富与精神财富的总和。狭义上的水文化指与水有关的各种社会意识，如与水有关的社会政治、哲学思想、科学教育、文学艺术、理想信念、价值观念、法律法规、道德规范、民风习俗、宗教信仰等意识形态。

2.1.2　资源与文化资源的定义

（1）关于资源的概念

《辞海》对于资源的解释为："资财的来源，一般指天然的财源。"即资源指财富的来源。随着社会的进步，人们对资源的认识也在不断变化。马克思在论述资本主义剩余价值的产生时指出："劳动力和土地是形成财富的两个原始要素，是一切财富的源泉。"恩格斯则进一步明确指出："其实劳动和自然界一起才是一切财富的源泉。自然界为劳动提供材料，劳动把材料变为财富。"因此，资源不仅是自然资源，还包括人类劳动的社会、经济、技术等因素，人力、人才、智力（信息、知识）等资源。据此，我们可以认为，资源指一切可被人类开发和利用的物质、能量和信息的总称，指自然界和人类社会中一种可以用以创造物质财富和精神财富的具有一定量积累的客观存在形态。

（2）关于文化资源的定义

《辞海》的定义：文化资源指一切能够被用于人类社会文化生产发展的自然和社会条件。广义上的文化资源指可被用于人类社会文化发展的一切事物，包括人力、物力、财力、信息、技术等与文化生产与发展的各种必要条件。文化资源涵盖社会、经济、文化、政治、宗教、信仰、道德观和习俗等方面的内容，目前较为常见和典型的文化资源类型包括红色文化资源、旅游文化资源、海洋文化资源、民族文化资源、宗教文化资源等。

2.1.3 水文化资源的两种理解

基于"水""水文化""资源""文化资源"等基础概念，我们对水文化资源的理解有两种：

一是认为水文化资源是"水"和"文化资源"的结合体。上述内容提到"文化资源指一切能够被用于人类社会文化生产发展的自然和社会条件"，按此理解水文化资源即为可用于水文化生产发展的自然和社会条件。简言之，水文化资源是能创造水文化的资源。

二是认为水文化资源是"水文化"和"资源"的结合体。结合水文化和资源的概念，本书认为水文化资源是以水为载体创造物质财富和精神财富的活动及其结果，这种活动和结果具有一定的开发利用价值，可以通过创意、技术等要素的激活，形成多样态的水文化产品、服务。也就是说，水文化资源是人们可以利用的水文化内容。

2.2 水文化资源的内涵

基于水文化资源的定义，我们认为水文化资源的内涵应当包括以下3个方面。

一是以水为载体。水是一种自然物质，也是水文化资源形成的物质基础和基本前提，离开了水这一物质载体，就不能认为是水文化资源。如水库大坝就是在对水的利用、改造基础上形成的水文化资源；大禹精神是在治水实践中所形成的水文化资源。这些资源的形成都离不开水这一物质载体。

二是人与水发生关系。一切文化都是人类创造的财富，是人与自然、人与社会、人与自身相互关系而形成的物质和非物质财富。天然水体和天然河流、湖泊是自然资源，如果没有人类的介入，它们就不是水文化资源，但一旦与人类活动发生关系，就显示出它的文化属性，其形成的物质和精神成果属于水文化资源范畴。

三是具有一定的价值。水文化资源属于资源的范畴，应当具备资源的基本属性，即具有一定的价值，包括社会价值、历史文化价值、科学技术价值、艺术价值等，值得人类对其进行研究、发掘和保护利用等。如城头山遗址是

关于水文化资源的界定

（1）所有的水利工程都是水文化资源

所有的水利工程都是建立在对水的利用、改造基础上的，都具有一定的工程价值，因此都属于水文化资源的范畴。在水文化资源调查过程中，为更好地体现水文化资源的特色和特点，结合实际情况，在全面普查的基础上，可重点对个性突出、传承广泛的具有特定价值的水文化资源开展调查。

（2）水文化资源并非都是水利工程

水文化资源是人们可以利用的水文化内容，除了水利工程类，还包括非水利工程类。例如，抗洪精神不是水利工程，但它是在治水实践中形成的精神层面的水文化资源。

（3）资源的功能或属性是判断其是否为水文化资源的重要依据

资源都具有价值属性。我们判断一个资源是否属于水文化资源，主要看它的功能或属性是否与水直接相关。如拌桶是传统的收割稻谷的工具，在发挥作用的过程中并未与水发生直接关系，因此不属于水文化资源；水车是传统的提水工具，工作过程中与水发生直接关系，因此属于水文化资源的范畴。

中国最早的城市，具有特殊的历史、文化、社会等方面的价值，是典型的水文化资源。

因此，我们认为只有同时满足以水为载体、人与水发生关系、具有一定的价值3个基本条件，才可以称之为水文化资源。

2.3　水文化资源的外延

外延指适合于某一概念的一切对象，即概念的适用范围。水文化资源的外延指水文化资源的一切对象范围。

从区域来说，水文化资源具有地域性，即某一空间范围或行政区域内的水文化资源。地域水文化是水文化在空间上的分布，一般指具有相似文化特征和生存方式的某一区域。这个区域大到不同的国家或地区、小到不同的村落都有不同的文化特征，如全球的水文化资源、中国的水文化资源、湖南省的水文化资源等；或按流域有洞庭湖区的水文化资源，湘、资、沅、澧流域的水文化资源等。研究不同地域的水文化资源有利于了解不同地域的文化特征和中华水文化的多样性。

从时间来说，水文化资源具有历史阶段特征，是某一个历史时期所形成的水文化资源。如史前的、古代的、近代的、现代的水文化资源。不同时代的水文化资源是水文化在时间上存在的基本形式。任何文化都是历史的积淀和传承，是当时社会政治、经济状况、科技水平的反映，都有时代的烙印。不同历史时期的水文化资源有不同的特征。研究不同时代水文化资源旨在了解中华水文化悠久历史和发展的轨迹，并由此承前启后，创造无愧于时代的先进水文化。

从民族来说，水文化资源包括汉族、瑶族、苗族、侗族、土家族等不同民族类型的水文化资源。民族是人们在历史上形成的有共同语言、共同地域、共同经济生活以及共同心理素质的稳定的共同体。由于各民族的居住地相对集中，各民族之间会形成共同的心理特征和生活方式，从而形成具有自身特征的水文化。不同的民族由于自身所处的文化环境和区域，水文化的内容和形式也是多样的，由此形成了类型多样的水文化资源。研究不同民族的水文化目的在于了解不同民族的文化特征和中华水文化的丰富多彩。

从价值来说，水文化资源具有历史、文化、社会、科技、生态、艺术等某个方面或者多个方面的价值。由于价值是资源的基本属性，因此所有的水文化资源都是有价值的，但不同水文化资源的价值有所差别。如遍布全省的各类水利工程、水利设施等主要具有生态、社会、经济等方面价值；而水利遗存、水事遗址等则具有历史价值、文化价值；水利风景区则具有经济价值、生态价值；精神类水文化资源则更多地具有社会价值、文化价值等。水文化资源价值的大小与开发利用的可行性很大程度上决定水文化资源的重要性，因此科学地对水文化资源的价值进行界定对水文化资源今后的开发利用至关重要。

从形态来说，水文化资源主要包括物质形态、制度形态（记忆形态）以及精神形态 3 个方面。其中，物质形态的水文化资源是以物质作为基本载体，融入人类的劳动和思想情感所形成的物质类水文化资源，主要作用于环境，包括水工程、水工具、水设施、水形态、水景观等内容；制度形态的水文化资源是体现制度制定者思想和意志、指导和规范人们行为的一种水文化资源，主要作用于社会，包括与水有关的法律法规、方针政策、条例、制度，以及在治水、管水、用水、亲水等实践过程中形成的行为规范等内容；精神形态的水文化资源指与水有关的意识形态，主要作用于社会，包括水哲学、水精神、水价值、水文艺、水著作等内容。

2.4　水文化资源的属性

水文化资源是指在各种水事活动中所创造的物质及精神财富，具有历史、文化、经济、科学、教育等价值，可供人类开发利用的内容。从资源的角度看，水文化资源具有社会资源与自然资源的双重属性。自然资源具有自然性、多样性、区域性、系统性、实用性、周期性等属性。社会资源具有社会性、历史性、有限性、民族性等属性。综合两种属性并结合水文化资源特点，水文化资源具有客观存在性、自然与社会双重性、区域性、历史阶段性、可利用性等一般属性。

2.4.1　水文化资源具有客观存在性

水是客观存在的，水文化也是客观存在的，无论是物质形态还是非物质形态。河流湖泊是客观存在的，水利工程也是客观存在的；人对水的情感，包括喜欢、依赖、厌恶、恐惧等是客观存在的；人们在用水、治水中产生的道德规范、法律法规是客观存在的；人们因对水的认识产生的精神、记忆，如水滴石穿、海纳百川、上善若水、大禹治水等精神也是客观存在的。因此，水文化资源作为水文化中有价值可供利用的部分，更是客观存在的。水文化资源的客观存在性，是认识、发现、传承、利用水文化的基础。

2.4.2　水文化资源具有自然与社会双重属性

水的存在是水文化的内在本质，水与河流湖泊的自然属性，决定了水文化资源蕴含的自然属性，即水文化具有鲜明的地域性、流域性、水流性、水体特征等自然属性。水的公共属性和水利工程的公益属性，决定了水文化资源是人类在一定的社会形态、社会交往、社会活动中形成的，因而具有社会属性。

2.4.3　水文化资源具有鲜明的区域性

水文化资源的分布与发展受区域水资源、河湖水体、气候条件、植被土壤等限制，同时也受区域位置、人文历史、经济发展水平的影响，因此，平原区与山丘区、不同的流域、同一流域的上下游的水文化资源类型、数量、年代、价值等存在一定的差别。"沅有芷兮澧有兰"，湘、资、沅、澧各有千秋。但同一区域由于地形地貌、气候条件、人文环境等的相近，水文化资源必然具有其相近的属性，如水利工程的结构形式，人对水的认知、情感、精神等，在同一区域大致是相近的。

2.4.4　水文化资源具有鲜明的历史阶段性

随着历史的推移、时代的发展、环境的变化和科学技术的进步，水文化资源的自然及社会属性会出现较大的不同阶段特性，因而具有历史阶段性。不同历史阶段的水文化资源是不同的，如史前关于大洪水的记忆传说与渔猎、耕种等水文化资源；农耕文明时期的农田灌溉与漕运等水文化资源等；工业文明时期的水电开发、机械装备等水文化资源；现代生态文明时期的生态河湖、生态灌区等水文化资源以及由此而产生的情感、精神、文献、人物、故事、戏剧、音乐等，都具有明显的历史阶段性。

2.4.5　水文化资源具有价值性

作为与水相关的资源，水文化资源是可以开发利用的，具有经济、社会、历史、文化、科技、生态、旅游等方面的价值，是经济社会发展的基础因素，是研究水利历史的重要史料依据，是水利科普教育宣传的重要素材，更是水文化建设和研究的基础，不同水文化资源具有不同程度的价值。

2.5　水文化资源的作用

水资源不仅是自然界中的一种存在，由于人与水发生关系，它还承载着丰富的文化内涵和历史记忆。水文化资源的作用，体现在存史记录、提高认知、传承传播、资治教化以及凝聚人心等多个方面。

一是水文化资源具有存史记录的作用。自古以来，水与人类生活息息相关，人们在治水、用水、管水的历史过程中，留下了大量的历史文献、著作、古迹、传说。这些水文化资源，如同历史的见证者，为我们提供了宝贵的资料和线索，有助于我们了解过去、认识现在、展望未来。

二是水文化资源在认知提高方面发挥着重要作用。通过对水文化资源的深入研究和挖掘，我们可以更加深入地了解水的自然属性、社会功能和文化意义。这种认知的提高，不仅有助于我们更好地利用和保护水资源，还可以推动相关学科的创新融合发展。

三是水文化资源是水文化传承和传播的重要载体。水文化作为一种独特的文化形态，包含了丰富的历史、民俗、艺术等元素。通过对具体的水文化资源进行保护和利用，我们可以将这些珍贵的文化传承下去，让更多的人了解和认识水文化，促进文化的交流融合，增强文化的多样性和包容性。

四是水文化资源在资治教化方面也具有重要作用。水资源的合理利用和管理，不仅关系到人类的生存和发展，还体现了人类的智慧和文明。对水文化资源进行研究和价值挖掘，一方面可以使我们更好地认识到水资源的重要性，增强水资源保护和管理的意识；另一方面可以增进我们对人水关系的理解，使我们更加深入地了解前人的治水智慧、治水经验，为今后的管理工作提供借鉴参考。

五是水文化资源在凝聚人心方面发挥着独特的作用。水是人类共同的生命之源，也是文化交流的重要纽带。通过对水文化资源的保护和利用，可以增强人们的归属感和认同感，促进社会的和谐与稳定。同时，水文化资源的开发利用还可以为当地经济和社会发展带来机遇和动力，推动区域经济的繁荣和发展。

综上所述，水文化资源在存史记录、提高认知、传承传播、资治教化以及凝聚人心等方面都发挥着重要作用。为了更好地发挥水文化资源的价值，我们应该合理开展水文化资源的保护和利用工作，推动水文化的传承和创新，为促进地区经济社会高质量发展贡献力量。

2.6 水文化资源相关概念关系探讨

2.6.1 水文化资源与水文化

水文化资源是人们可以利用的水文化内容，"水文化资源"一词脱胎于水文化的概念，同时又为水文化研究提供了鲜活的素材和有力的支撑。两者关系及区别如下：

一是抽象与具体的关系。水文化是个抽象概念，浩如烟海，无处不在，若隐若现，尽管客观存在，但又难以捉摸；而水文化资源是具体的对象，它真实存在，可以发现、利用，可以触摸、感受。因此水文化与水文化资源是抽象与具体的关系。

二是整体与个体的关系。水文化是一个整体的概念，而水文化资源是一个个体的概念，二者存在整体与个体的关联性。

三是水文化资源是水文化的表现形式和重要载体。水文化的表现形式和重要载体包括水利遗产、水文化资源、水利风景区等内容。水文化资源的提出使其成为水文化最为常见和重要的载体形式，进一步丰富了水文化的内容和表现形式。

四是水文化资源是被认识、发现了的水文化。水文化是客观存在的，但是由于历史的局限性或者是认知能力的局限性，并不一定被我们所认识、发现，而水文化资源是被我们认识、发现了的水文化。

2.6.2 水文化资源与文化资源

《辞海》认为，文化资源指一切能够被用于人类社会文化生产发展的自然和社会条件。广义上的文化资源指可被用于人类社会文化发展的一切事物，包括人力、物力、财力、信息、技术等与文化生产与发展的各种必要条件。

文化资源是具有一定文化价值的资源类型，其种类很多，常见的文化资源包括红色文化资源、旅游文化资源、海洋文化资源等。水作为自然界和社会生活中最常见的要素，与我们的生产、生活、生态密切相关、不可或缺，人与水发生关系所产生的水文化资源是文化资源的重要组成部分，两者是包含与被包含的关系。

2.6.3　水文化资源与水文化遗产

水文化资源包括水文化遗产和其他类型水文化资源，因此水文化资源与水文化遗产是包含与被包含的关系，两者涉及的范围和对象不一样。目前，国内主要有浙江省开展了水文化遗产的调查工作，在实际工作中发现水文化遗产的调查范围相对有限，而水文化资源调查的优势在于调查范围和覆盖面很广，能够较为全面地将具有文化价值的涉水资源统计进来，对于地方的文旅融合和水文化建设具有较强的推动作用。

水文化资源与水文化遗产两个概念都涉及与水相关的物质财富和精神财富，区别就是在时间上的界定。水文化遗产是识水、用水、治水、管水、护水、节水等过程中形成的文化遗存，存在时间方面的概念和要求，一般具有一定的年限或历史悠久程度；而水文化资源注重的是涉水资源的价值性，与时间长短关系不是很大。例如，犬木塘水库工程具有灌溉、供水、发电、航运、生态等功能，具有重要的生态、社会、经济、科技、文化等价值，属于典型的水文化资源，但是由于该工程为新建水利工程，不属于水文化遗产的范畴。

2.6.4　水文化资源与水利遗产

水文化资源与水利遗产的关系类似于水文化资源与水文化遗产的关系，水利遗产与水文化资源之间存在一些区别。一方面，两者在时间上的界定不一样，资源没有时间的限定，遗产要求具有一定的年限；另一方面，水文化资源是学术概念，水利遗产是法定概念，二者是包含关系，即所有的水利遗产都是水文化资源，符合相应标准、经过法定程序认定的水文化资源可以称为水利遗产。

2.6.5　水利遗产与水文化遗产

水利遗产通常指与水工程直接相关的遗产，如古代的水利设施、灌溉系统、水坝、运河等。水文化遗产则是一个更广泛的概念，包括了与水有关的历史、传说、风俗、习惯、艺术、科技等方面。这些方面共同构成了人类对水的认知、利用和崇拜的文化体系。水文化遗产不仅包括物质文化遗产，如水利工程、治水工具等，还包括非物质文化遗产，如与水相关的民间传说、音乐、舞蹈、戏曲等。因此，可以说水利遗产是水文化遗产的一个重要组成部分，但水文化遗产的概念更为广泛，它不仅包括水利遗产，还涵盖了与水相关的各种文化现象和遗产。

第 3 章　湖南省水文化资源概貌

3.1　湖南省自然条件概况

3.1.1　地理环境

湖南省位于中国中部、长江中游，因全境大部分区域处于洞庭湖以南而得名"湖南"，省内最大河流湘江流贯全境而简称"湘"，省会驻长沙市。湖南省地处东经 108°47′ ～ 114°15′、北纬 24°38′ ～ 30°08′，东南距海约 400千米，东临江西，西倚重庆、贵州，南连广东、广西，北毗湖北。省境东西直线距离最宽 667 千米，南北直线距离最长 774 千米，总面积 21.18 万平方千米，占全国国土面积的 2.2%，居全国各省（自治区、直辖市）第 10 位、中部第 1 位。

湖南省地形地貌多样，东、南、西三面山地围绕，中部丘岗起伏，北部平原、湖泊展布，呈西高东低、南高北低、朝东北开口的不对称马蹄形盆地。东面的幕阜—罗霄山脉，是湘江和赣江的分水岭；南面的南岭山脉，是长江和珠江的分水岭；西北的雪峰山—武陵山脉，是资水、沅江、澧水三个流域的分水岭；中部多为丘陵、岗地，地势南高北低，海拔大部分在 500 米以下；北部的洞庭湖平原，一般海拔在 50 米以下，是全省地势最低且最平坦的地区。按地貌形态分，山地面积占 51.2%，丘陵面积占 15.4%，岗地面积占 13.9%，平原面积占 13.1%，水域面积占 6.4%。

3.1.2　气候降水

湖南省位于北纬 24°38′ ~ 30°08′，属亚热带季风气候，四季分明，光热充足，降水丰沛，雨热同期，气候条件比较优越；年平均气温 16 ~ 18℃，冬季寒冷，春季温暖，夏季炎热，秋季凉爽，四季变化较为明显；适宜人居和农作物、绿色植物生长。

湖南省属于亚热带，与世界上同纬度其他一些亚热带地区的干燥荒漠气候不同，其因处于东亚季风气候区的西侧，加之地形特点和离海洋较远，气候为亚热带季风性湿润气候，既有大陆性气候光温丰富的特点，又有海洋性气候雨水充沛、空气湿润的特征。

3.1.3　水文水资源

湖南省属大陆性亚热带李风湿润气候，多年平均降水量 1450 毫米，降水时空分布不均，汛期（4—9 月）降水量占全年的 70% 以上，在空间分布上呈"三高二低"，即东、西、南部山地较丰，中部丘陵、北部平原相对贫乏；衡邵娄干旱走廊与洞庭湖北部等局部地区资源性缺水较严重。全省多年平均水资源总量 1689 亿立方米，其中地表水资源量为 1682 亿立方米，地下水资源量为 391.5 亿立方米；多年平均入境水量 954 亿立方米（其中长江三口入流 500 亿立方米）；水资源总量居全国第 6 位，人均占有量为 2500 立方米，略高于全国水平，具有一定的水资源优势。但由于水资源时空分布不均，水多、水少、水脏等 3 个问题，仍然是全省经济和社会发展的制约因素之一。

3.1.4　河湖水系

湖南省河湖众多、水系发达，5 千米以上的河流有 5341 条，流域面积 50 平方千米以上河流 1301 条，常年水面面积 1 平方千米及以上湖泊 156 个，全省面积的 96.7% 属长江流域洞庭湖水系，0.9% 为赣江水系和直入长江的小水系，其余 2.4% 属珠江流域。洞庭湖蓄纳湘、资、沅、澧四水，承接长江四口分流，湖泊面积 2625 平方千米，是我国第二大淡水湖，被誉为"长江之肾"，在调蓄洪水、净化水体环境、维持生态平衡方面具有显著作用（图 3-1）。

图 3-1　洞庭湖国家自然保护区

3.1.5　水利工程

新中国成立以来，经过几代湖南水利人的努力，湖南已经形成独具特色的水利工程体系，主要包括水库、堤防、灌区、水闸、泵站、山塘、农村供水工程、水电站等类型。根据 2021 年湖南省水利工程摸底调查成果，各水利工程情况如下：

（1）水库

全省已建成（已蓄水验收或蓄水运行）水库共 13737 座，总库容 545.45 亿立方米。其中，大（1）型水库 8 座，大（2）型水库 42 座，中型水库 366 座，小（1）型水库 2022 座，小（2）水库 11299 座。图 3-2 为全国首个开工的 PPP 模式（政府的社会资本合作模式）重大水利工程——莽山水库工程。

（2）堤防

全省 3 级以上堤防共 440 段，总长度 3890.21 千米。其中，1 级堤防 48 段，总长度 237.30 千米；2 级堤防 194 段，总长度 1732.60 千米；3 级堤防 198 段，总长度 1920.31 千米。图 3-3 为加固后的长江（湖南段）干堤。

图 3-2 全国首个开工的 PPP 模式重大水利工程——莽山水库工程

图 3-3 加固后的长江（湖南段）干堤

（3）灌区

全省面积 2000 亩（1 亩 =0.067 公顷）以上灌区共 2116 处，总设计灌溉面积 3921 万亩，有效灌溉面积 2992 万亩。其中，大型灌区 23 处，总设计灌溉面积 960 万亩，有效灌溉面积 794 万亩；中型灌区 639 处，总设计灌溉面积 2354 万亩，有效灌溉面积 1717 万亩；小型灌区 1454 处，总设计灌溉面积 607 万亩，有效灌溉面积 481 万亩。图 3-4 为欧阳海灌区枢纽工程。

图 3-4　欧阳海灌区枢纽工程

（4）水闸

全省水闸（拦河闸及分洪闸）共 3126 座，按过闸流量划分，大（1）型水闸 28 座，大（2）型水闸 142 座，中型水闸 568 座，小（1）型水闸 731 座，小（2）型水闸 1657 座。图 3-5 为洞庭湖区第一批蓄洪垸——围堤湖分洪闸。

图 3-5　洞庭湖区第一批蓄洪垸——围堤湖分洪闸

（5）泵站

全省大中型泵站共 324 座，总装机容量 69.72 万千瓦，流量 5902.3 立方米每秒。其中，大型泵站 23 座，总装机容量 17.84 万千瓦，流量 1876.1 立方米每秒；中型泵站 301 座，总装机容量 51.88 万千瓦，流量 4026.2 立方米每秒。图 3-6 为湖南省最大的电排站——益阳市南县明山电排管理站。

图 3-6 湖南省最大的电排站——益阳市南县明山电排管理站

（6）山塘

全省骨干山塘共 126507 处，总库容 32.94 亿立方米，灌溉面积 902 万亩。

（7）农村供水工程

全省农村供水工程共 31065 处。其中，千吨万人供水工程 1001 处，千人供水工程 6479 处，千人以下供水工程 23585 处，覆盖人口 4631 万人，农村自来水普及率达到 85.5%。图 3-7 为华容县城关二水厂集中式供水工程。

图 3-7 华容县城关二水厂集中式供水工程

（8）水电站

全省小水电站共 4236 座，总装机容量 628 万千瓦，多年平均年发电量 202 亿千瓦时。其中，装机容量 1000 千瓦以下水电站 2852 座，总装机容量 121 万千瓦；装机容量 1000～10000 千瓦水电站 1269 座，总装机容量 273 万千瓦；装机容量 10000 千瓦以上水电站 115 座，总装机容量 234 万千瓦。图 3-8 为岩屋潭水电站，该水电站空腹重力坝工程于 1982 年获水利电力部优质工程奖。

图 3-8　岩屋潭水电站

（9）其他水利工程

全省建设重点取水工程（设施）共 1505 处。其中，172 处 5 万亩以上灌区，1046 处生活用水，287 处工业用水。水文测站共 7363 处。其中，水文站 582 处，水位站 2951 处，降水量站 3510 处，墒情站 35 处，地下水站 95 处，地表水水质站 190 处。水利风景区共 94 家。其中，国家级 43 家，省级 51 家。

3.2　湖南省水文化资源特点

"一方水土养一方人。"人类与自然环境之间的关系密不可分。一个区域所特有的水文资源、地理、环境、气候状况、风土民情、经济发展等因素造就了这一区域独具特色的文化内容。湖南自然环境独特、人文历史复杂，水文化资源也有其自身的特点。水，是湖南最鲜明的自然与人文符号，自古以来，湖南人善于利用大自然最美的恩赐，将水用于饮用、农业、城乡建设、航运、防洪、排涝、手工业、文艺创作等方面。湖南人治水、用水历史悠久，创造了光辉灿烂的湖南水文化，沉淀了丰富的水文化资源。

3.2.1 水文化资源历史源远流长

湖南悠久的治水、用水历史，可追溯到在洞庭湖之滨发现人类足迹的约70万年前，人类逐水而居的历史渊源由此开始，并留下痕迹。

距今约12000年，永州道县玉蟾岩出现栽培水稻；距今8200～7800年，澧县彭头山出现稻作农业；距今8000～6500年，澧县汤家岗出现水稻田；距今5200～4000年，鸡叫城出现护城河。这之后有记载的历史是在西周后期湖南各族居民在山区、丘陵和平原湖区开始采取了火耕和水耨两种并行的耕作方式。再之后就是水运的兴起和发展，楚平王时期，楚人通过水运从长江进入沅江，水陆并进入澧水、沅江流域，并入沅江中上游，这是现行有记载的湖南最早水运历史，也是湖南水文化的重要历史。

西汉至魏晋，东汉光武帝刘秀的外祖父樊重在洞庭湖滨修筑樊陂；吴将周泰屯兵涔水时，主持修建"遏涔水"的枢纽工程；魏晋修长沙龟塘灌田，引温泉水灌田。他们的治水活动，改善了当地的农业发展条件，促进了水利文明的发展。

宋元时期是历史上水利文明发展的鼎盛时期，农业灌溉、水患治理、水运交通出现了一些典型的工程或举措，也出现了黄照、李度、滕子京、哈珊等一批水利专家。宋代湘江流域"山田悉垦"，资水、沅江、澧水皆全线贯通，造船技术的发展推动了水运的发展。南宋时湖南境内大力推广梯田农业种植，发展梯田这一套水利系统如水源蓄水工程、灌排系统工程、储水工程，是古代农业水利技术的高光时刻。宋庆历年间，洞庭湖的水患治理是重点，有记载华容知县黄照筑堤置门以时启闭，滕子京在岳州筑偃虹堤、白荆堤。嘉祐年间，湘阴进士李度率人修筑两乡塘堤。宋代普遍使用龙骨车和利用水力转动的水车等水利工具。元代泰定年间，常德路监哈珊于武陵县开河十五里，岁旱以溉田；摄县事彭若舟于郴州筑石堰障水，灌田万余顷，号相公堰。

明清代，农田水利建设仍然是重点，农田水利建设形成体系和规模。洞庭湖滨和四水下游，主要是兴修堤垸，围湖垦田如华容，明初筑垸堤48处，筑圩40余处，垦田数万顷（1顷=6.67公顷）。内地丘陵区主要是修堰开塘，如善化县、邵阳县、溆浦县、武冈县（今武冈市）等地修龟塘、修铁塘陂、开筑塞塘、蓉塘。清代，治理水患是水利建设的重点，这一时期水利建设以新修堤垸、堤垸维修加固为主。

近现代，水利的发展逐步过渡到专家治水、科学治水的近代水利发展时期。20世纪50年代洞庭湖治理大会战：修复1949年的溃垸，整修洞庭湖堤垸，1954年治理洞庭湖（图3-9），1958年开始大兴水利，兴修水库和"三大"歼灭战（湖区普遍建设电力排灌站，以提高堤垸的排渍能力；山丘区狠抓配套，逐步形成了蓄引提、大中小相结合的灌溉体系；水轮泵歼灭战，将灌溉与发电紧密结合）；70年代山、水、林、田、路综合治理，建设的内容由单一治水发展到山、水、林、田、路综合治理，建设的标准由解决一般性水旱灾害发展到建设旱涝保收农田；80年代洞庭湖区重点垸一、二期治理；90年代四水流域防洪治理和水库除险加固等。建成了国内首座采用风化土石料筑坝的工程黄材水库、亚洲地区规模最大的青山水轮泵站、世界首次采用拱坝坝身开设5个大孔口泄洪的欧阳海水库、国内第一个跨流域抽水蓄能的赵家垭发电工程、当时世界上最高的江垭全断面碾压混凝土坝等。

图3-9 20世纪50年代治理洞庭湖堤垸修复工程

在悠久的治水、用水历史进程中，湖南出现了形态多样的水文化资源，其中有水工程遗存，如运河、陂塘、堤坝、圩堰、水关涵闸、渡槽、水文测站等，还有桥梁、码头、渡口、井泉等与水有关的生活设施，以及水利管理建筑、祭祀纪念类建筑、水文化碑刻等相关资源。图3-10为长沙县春华渡槽。

图 3-10　长沙县春华渡槽

3.2.2　水文化资源种类丰富且数量巨大

湖南降水量丰富，水资源丰沛，造就了江河密布、水系发达的自然条件，成为千百年来水文化滋润成长的基础，相应的水文化资源形式多样，内容丰富，涉及水利工程、水设施工具、涉水建筑物或遗址遗迹、水文学、水景观和水环境等许多方面。

（1）水利工程方面

湖南省全省有（已蓄水验收或蓄水运行）水库共13737座；3级以上堤防共440段，总长度3890.21千米；面积2000亩以上灌区共2116处，总设计灌溉面积3921万亩；水闸（拦河闸及分洪闸）共3126座；大中型泵站共324座；骨干山塘共126507处；农村供水工程共31065处；小水电站共4236座；重点取水工程（设施）共1505处；水文测站共7363处；水利风景区共94家；还有津石大运河、穿紫运河等。这些水利工程是湖南人与水相处的智慧成果，是水文化资源最重要的物质基础之一。

（2）水设施工具方面

水设施工具是人类在生产生活时的智慧结晶。例如，水车是劳动人民充分利用水力发展出来的一种灌溉工具，广泛用于湖南山区，见证了湖南农业及其水利研究史的发展；水则、水则碑在古时候用来测量水位以预防洪涝灾害同时作为灌区农业灌溉配水的依据，在洞庭湖区被广泛发现。这些古老的水文测量设施是古人的智慧，也见证了水文的发展，是重要的水文化资源。

（3）涉水建筑物或遗址遗迹方面

许多依水而建的古城、古镇经过历史文化的洗涤和沉淀已经成为我国乃至世界著名的历史文化遗产，如湘西凤凰古城（图 3-11）、洪江古商城等。这些水乡小镇古朴典雅、生活便利、功能齐全，对今天的城市建设和文化推广都具有重要的现实意义和参考价值。此外，古城遗址城头山、鸡叫城等历史上依水而建的城镇遗址，是重要的考古资源，也是城市水利发展的见证，是需要重点关注和挖掘的水文化资源。

图 3-11　湘西凤凰古城

（4）水文学方面

发达的水系和水运交通也衍生了与水相关的文学和艺术，湖南是文人墨客集聚之地，人们因水而感怀，留下了一大批诗歌、散文、曲艺等作品。如《离骚》《湘君》《吊屈原赋》《岳阳楼记》《江雪》《小石潭记》等成为千古绝唱、经典流传。

（5）水景观和水环境方面

水景观和水环境是现代水利发展具有代表性的水文化资源类型。湖南的水景观和水环境有着浓郁的南方特色，是人们通过一系列的改造和治理措施，如中小河流治理、河湖长制管理等工程措施和非工程措施所建设成的具有观赏性的景观、景点。如橘子洲景区、洋湖湿地公园、湘江水利风景区、"水美湘村"、浏阳市书香村、首批全国示范河湖浏阳河（图3-12）等都是水文化资源的重要类型。

图 3-12　浏阳河成功入选水利部首批全国示范河湖建设名单

3.2.3 "一江一湖四水"独具湖南特色

湖南因水而名，全省河网密布，水系发达，现有5千米以上的河流5341条，水域面积1.35万平方千米，天然水资源总量为南方九省之冠。湘、资、沅、澧四大河流汇入洞庭流入长江，形成了"一江一湖四水"的格局。丰富的水资源、独特的水环境、卓著的治水实践滋养了源远流长、特色鲜明的湖南水文化。人们常用"三湘四水"来指代湖南，所谓四水指的是湘江、资水、沅江和澧水；至于三湘，众说纷纭，但也与河流密不可分。而《中国国家地理》着力展现了河流建构的一切：湘江是流淌着湖南命运"密码"的母亲河；沅江串起了众多"边城"，民族文化异样缤纷；澧水则是文化上的"老大哥"，孕育出灿烂古文化；资水之上，一种迷人的微地貌奇观刚刚才揭开面纱；集纳四水、吞吐长江的洞庭湖，则是湖南连通外界的总开关。

湖南省四大水系都注入洞庭再汇入长江，同时洞庭湖也北纳长江来水，其命运可谓与长江休戚与共。这一地理特征，使得洞庭湖一直都是湖南通过长江与外界连通的重要门户。

湘江，湖南的母亲河。千百年来，湘江在中国大交通网络中地位的起伏，与湖南命运的走向紧密响应。湘江的浪涛中持续激荡着守旧与开放、封闭与突破的矛盾与张力，这力量不仅塑造了湖南人的性格，也对近代中国产生了巨大影响。

资水又称资江。左源赧水发源于城步苗族自治县北青山，右源夫夷水发源于广西资源县越城岭，两水于邵阳县双江口汇合称资江，流经邵阳、新化、安化、桃江、益阳等市（县），于益阳市甘溪港注入洞庭湖，全长653千米，流域面积28142平方千米。干流西侧山脉迫近，流域成狭带状；上、中游河道弯曲多险滩，穿越雪峰山一段，陡险异常，有"滩河""山河"之称。

沅江穿越崇山峻岭，北通巴蜀，西扼滇黔，再东下洞庭湖、长江。历史上，它既是一条繁荣的大商道，也是人口迁徙、文化交流的通道。在沅江边，有凤凰古城、茶峒、黔阳古城、芙蓉镇、里耶古镇……它们是沅江边一座座各具魅力的边城。

澧水作为湖南四水最短的一条，常常被人忽视。其实，澧水文化源远流长，数百处史前遗址在这里被发现，中国最早的城市在这里兴建，楚文化在这里留下鲜明的印迹，水运兴衰在这里得到见证。密集的古迹遍布澧水流域，见证了这条大江历史上的辉煌。

除此之外，湖南省西、南、东三面环山，北部为洞庭湖平原开口，既有洞庭湖平原特征的水文化，又有山区丘陵区特征的水文化，进一步丰富了湖南省水文化资源的类型和特色。

3.2.4 治水兴湘法规体系相对完备

湖南省水利地方立法，始于 20 世纪 80 年代初。1982 年，湖南省颁布了第一部地方性水法规《湖南省洞庭湖区水利管理条例》，标志着全省水利事业走上了法治轨道，开启了依法治水的新征程。进入 21 世纪，对湘江母亲河的依法管理开始破题。2009 年，湖南省人民代表大会将湘江治理问题纳入地方立法计划，并于 2012 年出台了操作性、实用性、前瞻性都很强的全国第一部江河流域保护的综合性地方性法规——《湖南省湘江保护条例》，为加强湘江保护和利用提供了法治保障。湖南的法律法规体系始终与时俱进，在许多领域做出开创性之举，走在全国前列。为解决小型农田水利工程点多面广、建设管理难的问题，出台了《湖南省小型农田水利条例》；针对饮用水水源保护重要民生问题，出台了《湖南省饮用水水源保护条例》；国家出台或修订《中华人民共和国防洪法》《中华人民共和国水法》《中华人民共和国水土保持法》等水相关法律时，湖南又及时出台或者修订了本省的实施办法，对上位法的相关条款作出补充和细化。一项项水利法律法规的出台，完善了地方性水法规体系，促进了水利事业的发展，使水资源的开发、利用和保护做到了有法可依，为全省各项水事业活动的开展提供了法律依据。

3.3 湖南省典型水文化资源介绍

3.3.1 紫鹊界梯田

紫鹊界梯田（图 3–13）位于湖南省新化县，是"中国南方稻作梯田"之一，属于雪峰山中部的奉家山体系，最高峰海拔 1585.2 米，因其独特的自流灌溉系统于 2014 年入选首批《世界灌溉工程遗产名录》，2018 年入选《全球重要农业文化遗产名录》。

紫鹊界梯田初垦于秦朝，千年来人类的深耕细作，整体上形成上下梯田"长藤结瓜"的自灌溉模式，同时又培育出特殊的稻田饱水层。作为历史悠久的农耕稻作系统，紫鹊界梯田在无塘无坝、无人工水利设施条件下能够实现旱涝保收，其自流灌溉系统是人类智慧与天然条件的完美结合，对于构建

图 3-13 紫鹊界梯田

现代人与自然的新型关系与乡村生态规划设计具有重要的借鉴意义；同时，梯田沿等高线修筑，随山势起伏层层叠叠，形成了错落有致的线条，从山脚至山腰，在线条的不断重复中增强了视觉效果的层次感与分量感；此外，依山就势的建造方式使得梯田的田埂宛若蛇形，盘旋于群山沟壑之间，从山脚望向山顶，气势巍峨，宏伟、壮观的外在形态，彰显了人类面对恶劣的自然环境时的不屈精神与伟大智慧。

3.3.2 韶山灌区

韶山灌区（图 3-14）是湖南省最大的引水灌溉工程，通过湘江左岸支流涟水中游修建的引水枢纽，惠及湖南湘潭、长沙、娄底三市的湘潭县、湘乡市、韶山市、雨湖区、宁乡市、岳麓区、双峰县等 7 个县（市、区）2500 平方千米范围的 100 万亩农田，渠道工程含干渠 5 条，支渠 401 条，斗渠及以下渠系长 8730 千米，为"长藤结瓜"式的灌溉系统民生工程。

韶山灌区是一座"艰苦创业、无私奉献、攻坚克难、勇于创新"的精神丰碑。群众投工投劳 8112 万元，1965—1967 年 10 万民工以非凡的信念冲锋陷阵，用凡人的血肉之躯开山凿石，体现了"愚公有移山之志，我们有穿山之志"的豪情。韶山灌区是一个综合效益充分发挥的工程体系。灌区工程运行了 54 年，真正地实现了工程运行零事故，确保了 100 万亩农田旱涝增收，推动了区域内工矿城镇经济发展，解决了城乡工矿用水问题，干渠沿线实现了"百里渠道百里林，树绿堤固水长清"的生态文明美景，是湘潭国家森林城市的生态长廊、国家水利风景区、国家水情教育基地，被水利部及国家发展和改革委员会授予"水效领跑者"荣誉称号。2023 年入选水利部"人民治水·百年功绩"治水工程项目。

图 3-14　韶山灌区田园风光

3.3.3　鸡叫城遗址

鸡叫城遗址（图 3-15）位于常德市澧县涔南镇鸡叫城村，为距今5300 ～ 4000 年的新石器时代城址，北距澧水支流涔水约 2 千米，西南距城头山遗址 13 千米，城内面积（包括城墙）约 15 万平方米。鸡叫城遗址于1978 年被发现，2019—2021 年作为"考古中国"和中华文明探源工程重点实施项目开展了连续三年的考古发掘，入选"2021 年度全国十大考古新发现"。

遗址文化层堆积丰富，四周环壕清晰，表现了人类利用自然和改造自然的能力。具有重要的历史文化价值：一是遗址内发现了包括三重环壕、平行水渠、大水渠（长河堰）组成的网状水系，其三重环壕的聚落结构在长江流域属于首次发现，鸡叫城形成的由城址、城外遗址点、外围环壕与沟渠组成的网状水系及其间稻田所构成的城壕聚落集群，呈现出史前稻作农业文明繁盛的社会图景；二是鸡叫城聚落完整经历了史前稻作农业社会从初步复杂化到文明起源、发展、兴盛及衰落的完整过程，是研究我国史前社会与文明过程的典型标本。

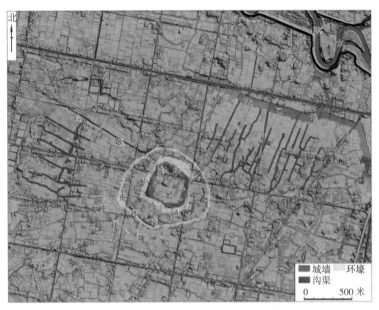

图 3-15 鸡叫城遗址数字地图[49]

3.3.4 城头山遗址

城头山遗址（图 3-16）位于澧县县城西北的城头山镇城头山村，占地 18.7 公顷，距今约 6500 年，是目前发现的中国最早的城市。城头山遗址于 1979 年被发现，1991—2001 年先后进行了 11 次考古发掘，共揭露面积近 9000 平方米，出土文物 16000 余件。1992 年和 1997 年，该遗址先后两次被评为年度"中国十大考古新发现"。

在城头山遗址的发掘中，考古人员在城的东北部和南部发现了新石器时代的稻田遗迹，有三丘古稻田，稻田西边的原生土上有人工开凿的水塘、水沟等初步配套的灌溉设施，距今 6000 ～ 6600 年，是现存灌溉设施完备的世界上最早的水稻田。城头山古水稻田的发现，代表了长江流域新石器时代古文明的发展高度，对研究长江流域文明因素的形成、世界稻作农业的兴起和发展等具有重要的学术价值。

图 3-16　城头山遗址全貌

3.3.5　橘子洲

橘子洲（图 3-17），又称水陆洲，位于湖南省长沙市岳麓区的湘江中心，原面积约 17 公顷，景区整体开发陆地面积达 91.64 公顷，是湘江下游众多冲积沙洲中面积最大的沙洲，被誉为"中国第一洲"，由南至北，横贯江心，西望岳麓山，东临长沙城，四面环水，绵延 10 多里，狭处横约 40 米，宽处横约 140 米，形状是一个长岛。

图 3-17　橘子洲全貌

橘子洲自然风光独特，与岳麓山等一起构成了得天独厚的长沙"山、水、洲、城"的城市格局。而湘江中的橘子洲，是世界城市中心区最长的江心洲，是"潇湘八景"之"江天暮雪"。橘子洲不仅是一个自然景观，更是一个具有深刻文化内涵的地方，毛泽东主席的名词《沁园春·长沙》使其名扬天下。橘子洲可以让人感受到中国传统文化的独特魅力，领略到历史与现代的交融。同时，橘子洲也是中国革命历史的一个重要见证。在 20 世纪初期，许多革命先驱在这里留下了他们的足迹和故事。这些故事不仅激励着后人不断努力奋斗，更成为一个时代的象征和记忆。

3.3.6 东江水库

东江水库（图 3-18）位于湘水一级支流耒水上游，控制流域面积 4719平方千米，流域多年平均降水量 1645 毫米，坝址多年平均流量 144 立方米每秒，是一个以发电为主，兼有防洪、航运、城镇工业及生活用水等综合利用的大型水电工程。东江大坝是我国自行设计、自行建造的第一座双曲薄壳拱坝，在国际上名列同类坝中第 2 位。

图 3-18 东江水库

东江水库建成后发挥了重要的社会、经济、旅游等方面的价值。水库在华中电力系统中主要担负调峰任务；可使耒水下游 1.07 万亩农田免除洪水危害，同时可以提高下游已建白渔潭、遥田等水电站的保证出力和京广铁路的防洪标准；水库回水总长 150 千米，对改善上下游航运十分有利。水库水面形成东江湖，纯净浩瀚，湖面面积 160 平方千米，东江湖融山的隽秀、水的神韵于一体，挟南国秀色、禀历史文明于一身，被誉为"人间天上一湖水，万千景象在其中"，为国家 5A 级旅游景区和国家水利风景区。

3.3.7 溆浦县千工坝

溆浦县千工坝（图 3-19）是溆浦县历史上规模最大的水利灌溉遗产，被誉为雪峰山下的"都江堰"。其坝址位于溆浦县水东镇莲塘坪村，始建渠道15 千米，渠首位于水东镇莲塘坪村，流经卢峰镇南华山村、瑶头村、漫水村至茅坪村。其经历多次修整维护，一直沿用至今，距今已 538 年。

图 3-19　溆浦县千工坝

溆浦县千工坝至今仍为当地农业生产的水利命脉，展现了中国历来对兴利除弊的孜孜追求和人民群众博大精深的治水智慧。一是具有鲜明的政治性。溆浦县千工坝兴建获地方官府支持，说明历朝历代高度重视水利工作，将其置于经济发展和国家治理中的重要地位。二是具有广泛的群众性。溆浦县千工坝兴建期间沿线群众自发投入建设，伐木沉桩、凿石筑堤、劈山开渠，充分体现了群众对水利建设的极大热情和真心投入。三是具有高超的技术性。溆浦县千工坝是怀化乃至湘西地区史料记载中建设最早、规模最大、受益最广的引水工程，在当时的技术条件下，仅凭工匠眼观目测、肩挑手提，建成 416 米长的拦河大坝、15 千米的灌溉渠道，实现对沿途数千亩农田的自流灌溉，堪称劳动人民的一大创举。自溆浦县千工坝建成后，溆浦县城良田万顷，连年丰产丰收，人民群众自此安于耕种、乐于农业，溆浦县也成为富庶文明之地。

3.3.8　常德沅水石柜

石柜，又称矶头、鸡嘴坝、马头或垛堆，三面环水、一面连接堤岸，是保护江河堤岸不受江水侵害的重要设施。从五代后唐时期开始，人们在沅江几个重要之处先后修建了多座石柜（图 3-20），比较有名的有花猫堤石柜、落路口石柜、西风寺石柜、七里庵石柜。

图 3-20　常德沅水石柜

花猫堤石柜始建于清康熙七年（1668 年），位于沅江北岸防洪大堤之内，石柜的柜体呈三角形，东北边长 72 米，宽约 40 米，西北宽 29 米，高约 10 米，原采用石块和条石砌筑而成。

落路口石柜始建于乾隆三十四年（1769 年），位于沅江北岸防洪大堤的临沅江一侧，大致呈梯形，其中梯形的顶边长 14.7 米，东部斜边边长 7.6 米，西部斜边长 12 米，最高 8.9 ～ 9.0 米。原采用石块和条石修筑，采用石灰砂浆和条石块混合烧筑而成。

西风寺石柜始建于明万历四十八年（1620 年），于乾隆三十一年（1766 年）维修，位于沅江之中的东岸，长 41 米，宽 83.6 ～ 12.2 米，高 8.6 米，单体石柜宽 1.2 米，柜体中间填筑石块和砂土。

七里庵石柜始建时代应为清代，大致呈梯形，东部为梯形的顶边，长 24 米，高约 6 米，底边长约 50 米，宽 30 米，采用红砂岩条石砌筑而成，现东部垮塌比较严重，系近现代防洪中填筑的乱石块和砂卵石筑成，是沅江南岸又一古代遗留的水利防洪设施。

这些古代的水利设施直到今天仍在发挥防洪护堤等作用，代表了常德古代先民杰出的水利建设成就，也是珍贵的历史文化遗产。

3.3.9 犬木塘水库工程

犬木塘水库工程（图 3-21）是国务院部署的 172 项重大水利工程项目之一，是新中国成立以来湖南单体投资最大的水利工程。犬木塘水库工程以灌溉为主，结合城乡供水，兼顾灌区水生态环境改善以及航运、发电等综合利用，项目总投资约 102.48 亿元，水库正常蓄水位 215 米，总库容 1.4 亿立方米，电站装机容量 3 万千瓦，多年平均年发电量 1.13 亿千瓦时，设计灌溉面积 121.7 万亩，年均引水量 3.16 亿立方米。

图 3-21　犬木塘水库工程

2023 年 10 月 28 日，犬木塘水库工程首台水轮发电机组（1 号机组）正式启动发电，标志着犬木塘水库工程如期实现关键节点目标，开始发挥蓄水发电综合效益；11 月 26 日，犬木塘水库工程船闸工程顺利封顶。项目建成后，可优化区域水资源配置、解决衡邵娄干旱走廊中心区域缺水现状，对保证粮食安全、保障区域居民生活用水安全、巩固拓展脱贫攻坚成果、改善灌区内河道生态环境以及推动实现乡村振兴均具有十分重要的意义。

3.3.10　澧水船工号子

澧水船工号子是以反映船工们苦难生活和战天斗地的劳动场面为主题的一种独特的民间音乐，一般没有固定的唱本和唱词，也不需要专门从师，全凭先辈口授，代代相传。这些号子大多因时因地因人即兴而起，脱口而出，2006 年入选《国家级非物质文化遗产名录》。澧水船工号子不仅忠实地记录着澧水船工们的泪与辛酸，亦展现了劳动人民勇于与大自然拼搏的大无畏精神，具有社会性、实用性和艺术性，是民间音乐中一块绚丽闪光的瑰宝，也是澧水流域特有的非物质水文化资源。图 3-22 为澧县澧南乡老船工刘后生。

图 3-22　澧县澧南乡老船工刘后生

第4章　湖南省水文化资源分类研究

湖南省拥有丰富多样的水文化资源，包括治水工程、历史遗迹、传统技艺、民间传说等。面对数量极其丰富的水文化资源，要给出客观合理的评价，首先必须对众多的水文化资源进行分类。通过分类，可以更加深入地调查、挖掘这些本地特色，为保护和传承提供有针对性的支持。同时，分类也可为水文化的传播提供清晰的框架，有助于更多的人了解和认识湖南省水文化的魅力。

4.1　分类原则

4.1.1　目标导向性原则

水文化资源分类的目的是通过构建一套实用的分类体系，指导水文化资源开展调查，建立水文化资源信息库，便于行业主管部门管理。同时，通过分类将繁杂的水文化资源进行系统化、条理化的梳理，可更好地挖掘各类水文化资源的价值，促进水文化资源的开发利用。因此目标导向是水文化资源分类的首要原则。

4.1.2　可操作性原则

水文化资源的分类是进行水文化资源调查、评价的前提与基础，在构建水文化资源分类体系时，需充分考虑今后水文化资源的调查与开发利用等实际情况，分类体系应当简单明了、层次清晰、具有可操作性。

4.1.3　系统全面性原则

水文化资源是相同或相似资源组成的一个系统，系统内部互相关联，并可能涉及水利、文化、旅游、农业农村、文物、建设、交通等多个不同领域，分类体系应具有内在的逻辑性和系统性，能够清晰地反映水文化资源的内在联系和层次关系；同时要充分考虑分类体系的全面性，应涵盖所有与水相关的文化资源。

4.1.4 地域性原则

一方面，根据湖南省水文化资源特点和地域特征，科学合理地建立全省的水文化资源分类体系；另一方面，分类是为了指导下一步资源调查，而调查是以县级行政单位开展的，在开展以县域为单位的水文化资源调查实践中，要从县级行政区域资源特征和文化特性等方面综合考虑进行分类，体现地域差异和文化资源的独特性、多样性。

4.2 分类方法

分类是指按照种类、等级或性质等方式分别归类。分类方法指通过比较事物之间的相似性，把具有某些共同点或相似特征的事物归属到一个不确定集合的逻辑方法。

4.2.1 常见分类方法

（1）形态分类法

按照文化类型学的原理，从形式上水文化可分为物质形态的水文化、非物质形态的水文化两种类型，与之相对应，也就有两种类型的水文化资源，即物质形态的水文化资源和非物质形态的水文化资源。其中，物质形态的水文化是基础，而水形态又是物质形态的水文化的基础。

（2）时间分类法

水文化资源是在时间上存在的基本形式。文化都是历史的积淀和传承，是当时社会政治、经济状况的反映，都有时代的烙印。不同历史时期的水文化有不同的特征。研究不同时代水文化旨在了解中华水文化悠久历史和发展的历史轨迹，承前启后，更好地传承、保护、利用水文化。因此按照时间序列，水文化资源可分为史前水文化资源、古代水文化资源、近代水文化资源、

典型水文化资源（时间分类法）

（1）史前水文化资源——郴州炎帝传说

公元前 26 世纪，朗目虬须、魁梧刚强的炎帝挥舞图腾幡，率领部落联盟离开中原南迁。历尽艰险，跋涉神农架，横渡长江，抵达湖南，足迹遍布湖湘大地。尤其是在湘南资兴的汤边，繁茂的森林、肥沃的土地与宜人的气候吸引着炎帝栖居。炎帝神农氏"造耒耜以教耕，尝百草以为药，日中为市，以兴商贾"，把中国古代先民从原始的渔猎生活带进了原始农业社会，揭开了中国农耕文明的大幕，使湘南资兴这一方绮丽山水，与炎帝结下了不解之缘，资兴这个小地方也因炎帝走过更显得古老而神奇，留下了不少美丽的传说。如《炎帝与汤市温泉的传说》《炎帝与狗脑茶的传说》《炎帝在汤边战旱神》《炎帝原选葬地在汤市》《炎帝子孙的神话传说》等十几个传说，炎帝在资兴的传说承载着资兴的历史文化，蕴含着原始的湖湘文化、原始的农耕文化、丰富的水文化资源。

（2）古代水文化资源——樊陂

明代嘉靖《常德府志·山川》记载：西汉末年，南阳大地主、光武帝刘秀的外祖父樊重曾隐居于今常德市鼎城区东北，有田数千亩，在那里修了一座水库——樊陂，岁收谷万斛。这是有关常德兴修水利工程最早见于史册的记录。隋唐是常德农田水利大开发的时期。唐代杜佑的《通典》记载：隋代朗州刺史乔难陀修纯纪陂水利工程，其利不减郑、白二渠，今名白马陂，溉田数十万亩。唐代二百余年间，常德兴修了许多大型农田水利工程，并被记载在正史《新唐书·地理志》中：684 年刺史胡处立修永泰渠；698—700 年刺史崔嗣业修津石陂，溉田九百顷，又修崔陂、槎陂，以溉田；739 年刺史李琎修北塔堰，溉田千余顷；770 年刺史韦夏卿复治槎陂，溉田千余顷；821 年刺史李翱修考功堰，溉田千一百顷；822 年刺史温造修右史堰、后乡渠，溉田二千顷。这些古代水利工程，在当时发挥了重要的排灌作用，留存到现在成为重要水文化资源。

现代水文化资源、当代水文化资源等类型。

（3）空间分类法

文化一般按照水系空间分区，并大多以江河命名，如黄河文化区、长江文化区、珠江文化区等。这些文化区都包含丰富的水文化，不同空间的水文化既有共同的地方也有不同的地方，同理水文化资源也可从空间上区分。湖南省水文化资源从空间上分，可分为"一湖四水"水文化资源，即洞庭湖水文化资源、湘江水文化资源、资水水文化资源、沅江水文化资源、澧水水文化资源等类型。

湖南省典型水文化资源（空间分类法）

（1）洞庭湖水文化资源

指围绕洞庭湖流域，人类开发治理保护洞庭湖水系的活动和结果，如岳阳楼、屈子祠、二妃墓、柳毅井、镇江塔、凌云塔、洞庭湖区明清堤垸等。

（2）湘江水文化资源

指围绕湘江流域，人类开发治理保护湘江水系的活动和结果，如潇湘八景、株洲湘江风光带、长沙湘江风光带、橘子洲、巴洲岛等。

（3）资水水文化资源

指围绕资水流域，人类开发治理保护资水水系的活动和结果，如邵阳水府庙、紫鹊界梯田、益阳资水四塔（三台塔、斗魁塔、文峰塔、奎星塔）等。

（4）沅江水文化资源

指围绕沅江流域，人类开发治理保护沅江水系活动和结果，如黔阳古城、洪江古商城、浦市古镇等依水而建的古镇，与水有关的酉水船工号子、划桨拉纤等水上风俗。

（5）澧水水文化资源

指围绕澧水流域，人类开发治理保护澧水水系活动和结果，如城头山遗址、青山水轮泵站等。

（4）等级分类法

从水文化资源保护管理工作的角度考虑，依据一些成熟的遗产、文物、景观的管理方式，如水利风景区、世界遗产等类型的分级管理方法，按照其影响程度、稀有程度、重要程度等原则，将水文化资源划分为省级水文化资源、市级水文化资源、县级水文化资源等不同类型。

水文化资源确定等级分类，首先要全面掌握和了解湖南省水文化资源"家底"，在此基础上科学制定湖南省水文化资源等级分类标准，制定详细的评估标准，再根据考察和专家评分，确定不同水文化资源的等级。

4.2.2　分类方法的选择

联合国教科文组织将文化遗产按照存在形态分为物质文化遗产（有形文化遗产）和非物质文化遗产（无形文化遗产）。部分学者按照文化资源的存在形式将其分为物质文化资源和非物质类文化资源，并将分类体系应用在文化资源的调查实践中，取得了良好成效。水文化资源属于文化资源的一种。因此，在本研究中，水文化资源参照文化资源的分类方式确定，按照形态分类法（是否具有特定物质载体）分为物质类水文化资源和非物质类水文化资源。

4.3　湖南省水文化资源分类体系

湖南省水文化资源分类结构为类、亚类、小类三级结构。水文化资源按照形式分类，一级类分为物质类和非物质类，二级亚类中的物质类，按照功能分为水利工程类和非水利工程类，非物质类分为治水制度、治水事件、治水人物、涉水科技、涉水文艺、涉水民俗6类。湖南省水文化资源分类体系如图4-1所示。

4.3.1　物质类水文化资源

物质类水文化资源是指人类以水为媒介，在各种水事活动中所创造的物质财富的总和以及由此形成的价值谱系与社会文化现象的总和。

（1）水利工程类

是指经过人力加工的水体和水域形成的古今一切水工程建筑，主要包括

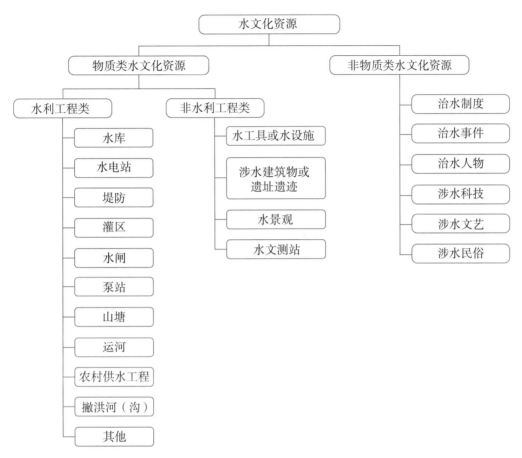

图 4-1　湖南省水文化资源分类体系

水库、水电站、堤防、灌区、水闸、泵站、山塘、运河、农村供水工程、撇洪河（沟）、其他。湖南的发展史也是一部治水史。水利建设贯穿各个历史时期，并留下了大量具有时代性和区域性的水利工程，见证了湖南水利与区域经济社会的发展变迁，是非常重要的水文化资源。图 4-2 为江垭水电站。

（2）非水利工程类

指除上述水利工程以外的物质类水文化资源，主要包括水工具或水设施、涉水建筑物或遗址遗迹、水景观、水文测站。

水工具或水设施：指治水、管水、用水等使用的工具、机械、仪器和设备的总称。主要类型有：利用机械原理制作的各类提水工具，如用于农业灌溉的水转翻车、筒车（图 4-3），安装在水井上汲水的辘轳等；附着于水利

图 4-2　江垭水电站

图 4-3　水车

工程之上的设施，如主要用于测量水位的大堤上的水志桩、闸上的水则碑等。

涉水建筑物或遗址遗迹：指历史上形成的与水相关的建筑或文化遗存，能够反映特定的治水历史事件或治水人物，具有一定的纪念意义、教育意义或史料价值等。湖南省内涉水建筑物有华容县的禹王庙、常德城区古井群、杨泗将军庙等；涉水遗址遗迹有城头山遗址、鸡叫城遗址、大矶头遗址、沅江古纤道遗址、君山摩崖石刻、常德抗洪纪念碑（图 4-4）等。

图 4-4 常德抗洪纪念碑

水景观：指结合自然环境和人类亲水需求打造出的体现人水和谐共生的景观或环境，是生活中比较常见的水文化资源类型，一般具有较强的旅游、生态、文化、教育等方面的价值和作用。如城市沿江风光带、水利风景区、湿地公园等（图 4-5、图 4-6）。

图 4-5 长沙洋湖湿地水利风景区

图 4-6　花垣边城水利风景区

水文测站：指为收集水文监测资料在江河、湖泊、渠道、水库和流域内设立的各种水文观测场所的总称。水文测站能够记录特定断面或位置不同时间段的水文变化情况，具有较强的历史价值。目前，湖南已有长沙水文站（图 4-7）、城陵矶水文站被评为百年水文站。

图 4-7　长沙水文站

4.3.2　非物质类水文化资源

非物质类水文化资源是指人类以水为媒介，在各种水事活动中所创造的精神财富的总和，由此形成的价值谱系与社会文化现象总和。

（1）治水制度

指有关部门制定的与水有关的政策法规、重大决定、管理制度以及各种与水相关的乡规民约等，如《湖南省洞庭湖保护条例》《湖南省水利工程管理条例》《河长制村规民约》等。

（2）治水事件

指与治水有关的具有重要历史影响或意义的事件，如 20 世纪 50 年代洞庭湖治理大会战（图 4-8），60 年代兴修水库和"三大"歼灭战，70 年代山、水、林、田、路综合治理（图 4-9），80 年代洞庭湖区重点垸一、二期治理，90 年代四水流域防洪治理和水库除险加固等。

图 4-8　20 世纪 50 年代　　　　　　图 4-9　20 世纪 70 年代澧县
千军万马加固洞庭湖堤防　　　　　　12 万劳力开赴园田化建设工地

（3）治水人物

指历史上有重要影响的治水相关的英雄人物以及具有代表性的治水精神，如古代治水名人大禹、李冰、孙叔敖、潘季驯等，现代治水楷模"长江之子"郑守仁、"洞庭之子"余元君等。

（4）涉水科技

指人类开发利用水资源时所形成的治水方案、治水措施、科技成果（图 4-10）、专利技术、文献典籍等，如大坝除险加固技术、堤防防渗技术、河道生态流量监测技术等。

（5）涉水文艺

指与水相关的各种艺术表现形式，包括音乐、舞蹈、戏曲、诗词、小说、散文等，如澧水船工号子、洞庭渔歌、酉水船工号子、荆河戏（图4-11）、歌曲《浏阳河》、沅水扎排放排号子等。

（6）涉水民俗

指历史上形成的与水相关的仪式、活动、习俗等，具有一定的历史、文化传承价值，如张家界泼水龙习俗、道州龙船习俗、汨罗江畔端午习俗、古代的祈雨仪式等。

图4-10　湖南省水利水电科学研究所（今湖南省水利水电科学研究院）研制的水电站调压阀液压联锁控制装置于1979年获国家发明三等奖

（a）折子戏《斩三妖》　　　　　（b）历史剧《杨门女奖》

（c）现代戏曲连唱　　　　　　（d）旦角表演

（e）生、旦、净、丑

（f）唱、做、念、打

图 4-11　国家级非物质文化遗产——荆河戏

第 5 章 湖南省水文化资源编码

通过对湖南省水文化资源进行编码，可以建立一个统一的标准和分类体系，使得水文化资源的管理更加规范化和标准化。这有助于提高信息共享和整合的效率，使得水文化资源的利用更加高效和便捷，为今后全省水文化资源数据库建设提供有力支撑。

5.1 编码对象

湖南省范围内的水文化资源。

5.2 编码原则

（1）唯一性

在水文化资源编码过程中，每个水文化资源应有且仅有一个不重复的代码，确保其不与其他水文化资源产生混淆。

（2）简约性

确定水文化资源代码编制规则，应尽量减少参与编制规则的水文化资源本质属性数量，编码应尽可能简洁，方便记忆和使用。

（3）稳定性

水文化资源代码一经赋予特定对象，将长期保持不变，不因水文化资源本质属性或特征的变化而变化，不因特定对象的消亡而消亡。

（4）扩展性

随着水事管理与活动的不断细化和深入，水文化资源的数量应可按需进行增补。确定水文化资源代码长度时，应在满足代码最短原则的基础上，确保具有足够的代码空间，满足一定时期内同类对象增加的需要。

5.3　代码结构

水文化资源代码为 12 位，由英文大写字母 A、B、C、D、E、F 和阿拉伯数字组成，分为地域码、分类码和序号码 3 个代码段。代码结构如图 5-1 所示。

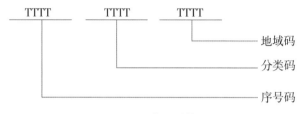

图 5-1　代码结构

5.4　水文化资源代码

5.4.1　地域码

地域码为 4 位代码，由代表湖南省的市（自治州）和县（市、区）代码组成（表 5-1）。当出现水文化资源跨地域的情况时，以该水文化资源的管理机构所在地域进行编码。

表 5-1　　　　　　　　　　　　　湖南省地域码

序号	市（自治州）	县（市、区）	地域码
1		芙蓉区	0102
2		天心区	0103
3		岳麓区	0104
4		开福区	0105
5	长沙市（01）	雨花区	0111
6		望城区	0122
7		长沙县	0121
8		浏阳市	0181
9		宁乡市	0124

序号	市（自治州）	县（市、区）	地域码
10		荷塘区	0202
11		芦淞区	0203
12		石峰区	0204
13		天元区	0211
14	株洲市（02）	株洲县（今渌口区）	0221
15		攸县	0223
16		茶陵县	0224
17		炎陵县	0225
18		醴陵市	0281
19		雨湖区	0302
20		岳塘区	0304
21	湘潭市（03）	湘潭县	0321
22		湘乡市	0381
23		韶山市	0382
24		珠晖区	0405
25		雁峰区	0406
26		石鼓区	0407
27		蒸湘区	0408
28		南岳区	0412
29		衡阳县	0421
30	衡阳市（04）	衡南县	0422
31		衡山县	0423
32		衡东县	0424
33		祁东县	0426
34		耒阳市	0481
35		常宁市	0482
36		双清区	0502
37		大祥区	0503
38		北塔区	0511
39	邵阳市（05）	新邵县	0522
40		邵阳县	0523
41		隆回县	0524
42		洞口县	0525

续表

序号	市（自治州）	县（市、区）	地域码
43	邵阳市（05）	绥宁县	0527
44		新宁县	0528
45		城步苗族自治县	0529
46		武冈市	0581
47		邵东市	0521
48	岳阳市（06）	岳阳楼区	0602
49		云溪区	0603
50		君山区	0611
51		岳阳县	0621
52		华容县	0623
53		湘阴县	0624
54		平江县	0626
55		屈原管理区	0671
56		汨罗市	0681
57		临湘市	0682
58	常德市（07）	武陵区	0702
59		鼎城区	0703
60		安乡县	0721
61		汉寿县	0722
62		澧县	0723
63		临澧县	0724
64		桃源县	0725
65		石门县	0726
66		西洞庭管理区	0771
67		津市市	0781
68	张家界市（08）	永定区	0802
69		武陵源区	0811
70		慈利县	0821
71		桑植县	0822
72	益阳市（09）	资阳区	0902
73		赫山区	0903
74		南县	0921
75		桃江县	0922

序号	市（自治州）	县（市、区）	地域码
76	益阳市（09）	安化县	0923
77		大通湖区	0971
78		益阳高新技术产业开发区	0972
79		沅江市	0981
80	郴州市（10）	北湖区	1002
81		苏仙区	1003
82		桂阳县	1021
83		宜章县	1022
84		永兴县	1023
85		嘉禾县	1024
86		临武县	1025
87		汝城县	1026
88		桂东县	1027
89		安仁县	1028
90		资兴市	1081
91	永州市（11）	零陵区	1102
92		冷水滩区	1103
93		祁阳市	1121
94		东安县	1122
95		双牌县	1123
96		道县	1124
97		江永县	1125
98		宁远县	1126
99		蓝山县	1127
100		新田县	1128
101		江华瑶族自治县	1129
102		永州经济技术开发区	1171
103		金洞管理区	1172
104		回龙圩管理区	1173
105	怀化市（12）	鹤城区	1202
106		中方县	1221
107		沅陵县	1222
108		辰溪县	1223

续表

序号	市（自治州）	县（市、区）	地域码
109	怀化市（12）	溆浦县	1224
110		会同县	1225
111		麻阳苗族自治县	1226
112		新晃侗族自治县	1227
113		芷江侗族自治县	1228
114		靖州苗族侗族自治县	1229
115		通道侗族自治县	1230
116		洪江管理区	1271
117		洪江市	1281
118	娄底市（13）	娄星区	1302
119		双峰县	1321
120		新化县	1322
121		冷水江市	1381
122		涟源市	1382
123	土家族湘西苗族自治州（31）	吉首市	3101
124		泸溪县	3122
125		凤凰县	3123
126		花垣县	3124
127		保靖县	3125
128		古丈县	3126
129		永顺县	3127
130		龙山县	3130

注：地域码主要依据为《中华人民共和国行政区划代码》（GB/T 2260—2007）。

5.4.2 分类码

分类码为 4 位代码，包括类、亚类和小类三个层次。类包括物质类（M）和非物质类（N）。物质类包括水利工程类（A）和非水利工程类（B）两个亚类，非物质类包括治水制度（A）、治水事件（B）、治水人物（C）、涉水科技（D）、涉水文艺（E）、涉水民俗（F）等 6 个亚类。小类用两位阿拉伯数字表示，非物质类没有具体细分的小类，暂用"00"表示。分类码如表 5-2 所示。

表 5-2 水文化资源分类码

类	亚类	小类	分类码
物质类（M）	水利工程类（A）	水库	MA01
		水电站	MA02
		堤防	MA03
		灌区	MA04
		水闸	MA05
		泵站	MA06
		山塘	MA07
		运河	MA08
		农村供水工程	MA09
		撇洪河（沟）	MA10
		其他	MA11
	非水利工程类（B）	水工具或水设施	MB01
		涉水建筑物或遗址遗迹	MB02
		水景观	MB03
		水文测站	MB04
非物质类（N）	治水制度（A）		NA00
	治水事件（B）		NB00
	治水人物（C）		NC00
	涉水科技（D）		ND00
	涉水文艺（E）		NE00
	涉水民俗（F）		NF00

5.4.3 序号码

序号码为 4 位代码，由 4 位阿拉伯数字组成。以县（区）为单位，按水文化资源数量从 0001 ～ 9999 依次编号。

5.4.4 举例说明

如城头山遗址，位于湖南省常德市澧县，是中国南方史前大溪文化至石家河文化时期的遗址，有水坑和水沟等原始灌溉系统，是现存灌溉设施完备的世界上最早的水稻田，是典型的水文化资源。从地域来看，其位于常德市澧县，通过查询表 5-1 可知地域码为 0723；从分类来看，属于物质类—非水利工程类—涉水建筑物或遗址遗迹，通过查询表 5-2 可知分类码为 MB02；从编号的角度可根据县域水文化资源调查名录依次不重复编号即可，如将城头山遗址作为第一个调查的水文化资源，可将其序号码编为 0001，因此将 3 个码段合起来组成了城头山遗址的完整编码，为 0723MB020001。

第6章 水文化资源调查试点实践

6.1 试点县选择

澧县位于湖南省西北部（图6-1），东出洞庭，南通潇湘，西控九澧，北连长江，是湘西北通往鄂、川、黔、渝的交通重地，素有"九澧门户"之称。境内澧、涔、澹、道、松滋五水环绕，河网密布。全县共有15个镇，4个街道，总人口88万人，总面积2075平方千米。澧县地貌类型多样，有山、丘、平、湖4种自然区，西北部为山，北部和南部属丘陵区，东部和西部为湖区。澧县孕育了丰富多彩的文化资源。

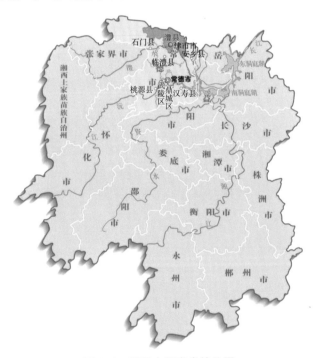

图6-1 澧县在湖南省的位置

澧县历史悠久，文化灿烂。南朝梁敬帝绍泰元年（555 年）始置澧州。澧县作为千年州府治所，已发现文化遗迹 500 多处，其中有 182 处文物保护单位，以城头山、彭头山（图 6-2）、鸡叫城、八十垱（图 6-3）等为核心的澧阳平原史前文化遗址群，正在积极申报世界文化遗产。澧县钟灵毓秀，英才荟萃。古有周代将军白善、楚国丞相申鸣、汉代将军马援、晋朝尚书车胤、唐代诗人李群玉、元代状元郝希贤、明代户部尚书李如圭和工部尚书李充嗣、民国开国元勋蒋翊武等，今有部级以上领导 10 多人、"两院"院士 4 人、少将以上军官 15 人。

图 6-2　彭头山遗址

图 6-3　八十垱遗址

　　澧县是水利大县，水利工程体系完备。有 1 个重点垸（松澧垸），3 个蓄洪垸（澧南垸、九垸、西官垸），1 座大型水库（王家厂水库），2 个大型灌区（澧阳平原灌区、渫水灌区），2 座大型泵站（小渡口泵站、羊湖口泵站），4 处大型水闸（艳洲电站水闸（图 6-4）、澧南垸分洪闸、西官垸分洪闸、小渡口排水闸），以及供 30 万人饮水的山门水库（图 6-5），形成了防洪、排涝、抗旱、饮水、发电、生态六大工程体系。

图 6-4　艳洲电站水闸

图 6-5　山门水库

　　澧县的发展史是一部靠水而居、依水而生、得水而安、治水而兴的历史。通过近年来的考古发掘在澧县史前遗址发现了大量涉水元素，如彭头山遗址的稻谷种子、城头山遗址的水稻田及灌溉设施、鸡叫城遗址三重环壕与平行水渠系统等。这些都反映出澧县水文化源远流长。澧阳平原遗址环壕如图 6-6 所示。

图 6-6　澧阳平原遗址环壕（航拍，该图片为城头山遗址环壕）

综上分析可以看出，澧县作为文化大县和水利大县，其水文化资源在湖南省 100 多个县域中具有明显的优势，具有非常好的开展水文化资源调查试点的客观基础条件；与此同时，澧县县委、县政府高度重视水文化建设工作，自 2022 年 12 月湖南省水利厅、文化和旅游厅印发《湖南省水文化建设规划（2021—2035 年）》以来，澧县认真学习、积极响应、主动对接，并于 2023 年 2 月以县人民政府的名义向省水利厅申请成为水文化资源调查试点县，为开展调查试点工作提供了有力支撑和保障。通过此次调查试点实践证明，澧县坚持守正创新、大胆探索实践，及时总结工作经验和做法，为全省水文化资源调查提供了有效的经验和示范案例，为下一步全省逐步推广水文化资源调查工作提供了有益参考。

6.2 调查对象与方法

本次调查的对象为澧县范围内水文化资源，包括物质类和非物质类水文化资源。调查主要采用普查和重点调查相结合的方法开展。

普查主要是通过下发通知、查阅馆藏资料、走访有关部门和专家、网络检索等方法，多渠道、多方式获取水文化资源线索，尽可能地将澧县范围内的水文化资源进行收录。

重点调查是在全面普查的基础上，对个性突出、传承广泛的具有特定价值的水文化资源开展调查，主要通过实地调研并填写调查登记表的方式进行调查。特定价值包括社会价值、历史文化价值、科学技术价值、艺术价值等。重点调查的方式能更好地体现澧县水文化资源的特色和特点。

6.3 调查基本原则

（1）政府主导、部门协同

水文化资源调查涉及多个行业多个部门，必须坚持以政府为主导，水利与文化和旅游部门牵头，宣传、党史、档案管理、考古等其他相关部门协同配合的原则开展调查。

（2）内外业结合、内业为主

水文化资源调查试点是创新性和开创性的工作，工作量非常大，没有可遵循的工作方法和模式，需要根据实际情况采取内业与外业相结合，并以内业为主开展调查。

（3）应查尽查、突出重点

本次对水文化资源应查尽查，保证水文化资源调查的全面性。在此基础上对个性突出、传承广泛的具有特定价值的对象进行重点调查。

6.4　主要调查内容

根据水文化资源的类型差异，对物质类水文化资源和非物质类水文化资源制定不同的调查表格，并针对性地调查和搜集相关基础信息。

物质类水文化资源调查的主要内容包括：收集物质类水文化资源名称、类别、所在位置、建设时间、规模、保存状态、管理单位等基本信息，收集照片素材，并着重挖掘重点水文化资源的价值、作用等内容。

非物质类水文化资源调查的主要内容包括：收集非物质类水文化资源名称、类别、线索来源、形成时间、涉及范围等基本信息，水文化价值和意义等。

本书列举了澧县部分具有代表性的水文化资源，其对应的调查登记表见附录 A 物质类水文化资源调查登记表和附录 B 非物质类水文化资源调查登记表。

6.5　调查阶段与过程

为做好此次调查工作，澧县成立了水文化资源调查试点工作领导小组和工作专班，推进、落实、协调调查试点各项工作。主要经历以下 4 个阶段：

（1）工作启动与方案制定

2022 年 12 月，澧县开始筹备水文化资源调查前期工作。2023 年 2 月，县委农村工作领导小组第一次会议要求全县上下高度重视，积极配合，坚决完成水文化资源调查试点工作任务，并先后下发《关于开展全县水文化资源调查摸底的通知》《关于开展水文化资源调查试点工作的通告》等文件通知。同时，工作专班积极组织编制调查技术方案，并聘请湖南省水利水电科学研究院（以下简称"湖南省水科院"）作为技术协作单位，于 2023 年 4 月形成了《澧县水文化资源调查试点工作方案》，为开展水文化资源调查工作提供依据和指导。

（2）资源普查与名录汇编

2023 年 4—5 月,澧县通过下发通知、查阅馆藏资料、走访有关部门和专家、网络检索等方法，多渠道获取水文化资源线索，整理形成了 10 万余字的澧县水文化基础资料。为提高名录的规范性和准确性，联合湖南省水科院对名录进行整理，按大类、亚类、小类对物质类与非物质类水文化资源进行分类、复核与完善，于 5 月底形成《澧县水文化资源基本名录》初步成果，共收录各类水文化资源名录 2200 多条。

（3）重点水文化资源现场调查

2023 年 6—8 月，工作专班组织专家对文化价值较为突出的水文化资源进行筛选，并经上会审定形成《澧县重点水文化资源名录》，并开展了为期近 2 个月的外业调查工作，赴全县 17 个县直属水利单位、19 个乡镇（街道）的 113 个村（社区）开展调研（图 6-7、图 6-8），完成了 160 多个水文化资源的基础信息和图片采集，逐一填写澧县水文化资源调查登记表。结合内

图 6-7　重点水文化资源现场调查（澧县段必溶抗旱机埠）

图 6-8　重点水文化资源现场调查（松澧分流工程纪念塔）

业收集资料和现场调查基础数据，整理形成了《澧县重点水文化资源汇编》，包括重点水文化资源的基本情况介绍及历史、社会、科技、生态、旅游等文化价值阐述。

（4）成果汇总与完善修改

2023年8月，工作人员开始对搜集、普查以及实地调研所获取的各项数据、资料和图片进行了系统性整理，基本形成了澧县水文化资源库，包括水文化资源图集、水文化资源基本名录、重点水文化资源调查登记表、《水润澧州》汇编资料、工作总结报告以及专题片等共6个成果。9—10月，邀请专家学者及县宣传、文化、党史、档案等部门人员参加，对调查成果进行了技术咨询，在此基础上修改完善了相关成果。11月中旬，湖南省水利厅在澧县专门召开澧县水文化资源调查试点工作推进会，进一步促进了成果的完善和提升。11月底，湖南省水利厅在北京召开湖南省水文化资源研究与调查试点工作汇报会，受到与会专家、学者的高度评价和充分肯定，认为湖南率先提出水文化资源概念、建立比较完善的理论体系，具有很强的创新性、理论性、基础性、引领性；同时，调查试点工作的顶层设计科学，调查技术可行，实施路径准确，成果内容丰富、体系完善，探索了可复制、可推广的经验。

6.6 主要调查成果

经过为期近 1 年的调查，澧县水文化资源调查试点工作取得了较为丰硕的成果，比较系统、全面地摸清了澧县范围内的水文化资源"家底"。主要成果如下：

（1）厘清了澧县水文化历史脉络

澧县从 8000 年前彭头山遗址的稻谷、6500 年前城头山遗址的水稻田及灌溉设施、4700 年前鸡叫城三重环壕和平行水渠系统、1800 多年前吴将周泰涔坪屯田、550 多年前明代澧州判官俞荩修复澧阳平原灌溉工程、明末以后的堤垸兴起、清代澧州知府王之翰筑垱挖堰引水灌溉，到 20 世纪 50 年代以来的百库运动、电排歼灭战、园田化建设、堤防加固、移民建镇，以及近年来骨干水网建设、生态河湖建设，澧县形成了完整的水利工程体系，水文化资源丰富，水文化底蕴深厚。

（2）核定了重点水文化资源名录

基于《澧县水文化资源名录》基础成果，对具有独特历史、社会、科技、文化、艺术等方面价值的水文化资源名录进行重点筛选，并重点发掘了澧阳平原古代灌溉工程。通过研究讨论、专家审定，最后确定澧县水文化重点资源 165 个，其中物质类资源 81 个、非物质类资源 84 个。对每一个重点水文化资源都进行认真整理，描述基本情况、阐述核心价值，并对物质类重点资源进行定位上图。

（3）形成了澧县水文化资源库

通过成果汇总，形成了澧县水文化资源库，包括"一图""一册""一书""一名录""一报告""一专题片"。

"一图"——澧县水文化资源图集。主要包括两图，即澧县水利工程分布图（包括基本水系、地形地貌）和澧县重点水文化资源分布图。其中，澧县重点水文化资源分布图运用专业软件将重点水文化资源成果在地图上进行标注，使澧县重点水文化资源数量及布局一目了然。

"一册"——《澧县水文化资源调查登记表册》。将现场调查获取的澧县水文化资源调查登记表按类别装订成册。登记表内容包括水文化资源名称、调查时间、类别、所在位置、建成（形成）时间、保存状况、规模、管理单位等信息，并配有资源内容描述以及图片，为物质类水文化资源建立了档案、颁发了"身份证"。

"一书"——《水润澧州》。通过对澧县水文化重点资源整理，编写形成《水润澧州》，包括循水访古、水工精粹、秀水清波、安水有法、水事记忆、水韵流芳等6个章节内容，对重点水文化资源的基本情况以及历史价值、艺术价值、科学价值、社会价值、生态价值、旅游价值等进行了阐述。

"一名录"——《澧县水文化资源名录》。对调查获得的水文化资源进行汇总，包括编号、名称、类别、所在位置、线索来源等基础信息。此次调查较为全面地掌握了澧县范围内各类水文化资源，共形成水文化资源名录2232条，其中物质类水文化资源2044个，非物质类水文化资源188个。

"一报告"——《澧县水文化资源调查试点工作总结报告》。主要包括工作背景、工作开展、工作成果、存在问题、工作建议及展望等内容，重点对调查试点工作的做法进行了总结凝练，以期为全省推广水文化资源调查工作提供参考和借鉴。

"一专题片"——《澧县水文化资源调查试点工作纪实》。制作了时长8分钟多的专题视频资料，主要包括调查试点工作方法、工作过程、工作成果等内容，通过专题片更好地对调查试点工作进行宣传推介。

6.7 存在的主要问题

（1）调查对象难以全覆盖

调查对象的全覆盖指尽可能涵盖所有与水文化相关的个体、事物或情境，要求调查到县域所有的物质类和非物质类水文化资源，以确保能充分满足目标要求。一方面，调查任务繁重与专职工作人员少的矛盾比较突出，同时调查技术不够成熟，调查时间也较为紧迫，因此很难在现有条件下保证调查对象的全面性。另一方面，调查人员对当代的水文化资源了解较多，对历时久远的古代水文化资源了解较少，客观上导致一些重要的古代水文化资源难以进入调查视野和范围。

（2）调查成果准确性难以考证

调查成果的准确性会影响调查试点工作结果可信度与结果运用，确保调查成果的准确性面临"两大难点"。一方面，文本资料甄别不易。调查成果的形成要以大量的文献等文本资料为基础，但资料的来源与质量各不相同，甚至可能包含不准确或误导性信息，文本资料的复杂性导致甄别工作难以在短时间内完成，并且还需依赖经验丰富且训练有素的专业人员来完成。另一方面，口述内容考证不易。调查成果中口述材料不可或缺，但口述内容通常来自受访者的陈述、回忆和描述，容易受到主观性、记忆偏差和情感因素的影响，往往需要通过额外的采访或其他可靠途径来验证，以捕捉和纠正错误或不一致之处，但过程较为费时费力。上述因素导致无法对大量水文化资源线索进行完全的"去伪存真"和"去粗存精"，进而在一定程度上影响调查成果的质量。

6.8 经验总结

（1）落实"一个精神"，高站位谋划部署

将水文化资源调查试点作为贯彻落实习近平总书记关于"推进文化自信自强，铸就社会主义文化新辉煌"重要讲话精神的重要部署，坚决扛起主体责任，主动对标上级精神，全面强化组织领导，统筹安排工作任务。一是成立水文化资源调查试点工作领导小组。由县委副书记任组长，分管农业和文化的县委常委、副县长任副组长，县政府办公室、水利局、文化旅游广电体育局、自然资源局、农业农村局、交通运输局、住房和城乡建设局、民政局、林业局、档案局、考古研究和文物保护中心、文化馆及乡镇（街道）为成员单位，领导小组多次召开会议，明确工作内容，落实工作责任，督导工作进度。二是组建工作专班。成立由县水利局和文化旅游广电体育局相关人员为组长和主要成员的工作专班，由工作专班牵头推进、落实、协调调查试点各项工作。

（2）坚持"两个机制"，高要求协同联动

1）推行"一周一调度"工作机制，强化内部配合

以现场办公的方式狠抓重点工作，建立专门的微信工作群发送工作安排、

交办提示等重要信息，将传统的"一次性"通知变为"每周式"的工作部署，以目标倒逼责任，以时限倒逼进度；相关人员认真对照每周工作清单，实时查缺补漏，按时汇报进展，及时上传材料，定时交流经验，确保工作动态公开透明，促进工作信息互通互联。

2）推行"一月一咨询"工作机制，形成内外合力

每月会同技术支撑单位以及县文化部门等单位领导和专家探讨工作，组织召开工作推进会、现场办公会、座谈会、咨询会、成果讨论会等会议，在集思广益中助力工作提质增效。技术指导单位运用"一月一次现场督导"的方式，对各环节进行跟踪指导，重点督促进度和质量，及时梳理反馈问题。

（3）用好"三个渠道"，多途径搜集素材

1）向权威部门收集，获取基础资料

走访文物保护中心、非遗中心、文联、档案馆、图书馆、党史办等文化或历史资料较为丰富的单位或机构，收集涉水考古成果、文艺作品、报纸杂志、历史图片、影音等基础材料。

2）向学者专家求教，获知文史信息

拜访当地的考古专家及其团队、作家、诗人、摄影家等知名人士以及权威水利专家，通过口述、座谈交流等方式，发掘"轶闻趣事"和"隐藏线索"，了解地方与水相关的文史信息、重大水利工程建设等情况，为水文化资源素材收集提供进一步的支撑。

3）去基层一线调研，获得一手资料

开展重点水文化资源现场调查，深入乡镇村组、田间湖畔、大坝站点等进行实地探访，边看、边听、边问、边记，获取基层一线的基础数据和资料，并现场填写调查登记表。

（4）明确"四个细节"，高标准把控质量

1）工作方案具体化

深入学习领会上级工作要求和相关指导文件，在技术单位的指导下，研究形成水文化资源调查试点工作方案，明确调查对象和范围、调查内容、调查表格样式和主要成果形式。

2）分类体系统一化

结合湖南省水文化资源分类研究成果和县域实际情况，建立包括物质类水文化资源和非物质类水文化资源的分类体系。物质类资源包括各类水利工程、水工具或水设施、涉水建筑物或遗址遗迹、水景观等；非物质类资源包括治水制度、治水事件、治水人物、涉水科技、涉水文艺、涉水民俗等。

3）调查表格模板化

设计水文化资源线索收集表、水文化资源调查登记表、水文化资源调查汇总表等表格模板，规范工作流程，便于资源的采集和后续的分析处理。

4）内容描述规范化

针对县域水文化资源类型众多、内容及价值阐述缺乏统一标准的问题，编制水文化资源介绍参考模板，规范撰写各类水文化资源的简介，规范符号和图注的编排等。

（5）坚持"五步工作法"，依实际推进调查

在水文化资源调查实践中，按照"内外业结合、内业为主"的原则，根据实际情况采取"内→外→内→外→内"五步工作法，即工作方案制定→资源素材清查→技术要点咨询→重点资源调查→成果汇总完善。

1）工作方案制定

为使工作有章可循，首先需要根据县域实际情况制定水文化资源调查试点工作方案，为开展水文化资源调查工作提供依据和指导。

2）资源素材清查

为形成尽可能齐全的水文化资源名录，可以通过下发通知、查阅馆藏资料、走访有关部门和专家、网络检索等方法获取水文化资源线索，形成水文化资源名录基础资料。

3）技术要点咨询

为提高水文化资源名录的规范性和准确性，需对收集的水文化资源基础资料进行规范分类，并组织文化、水利、考古等部门专家对各水文化资源的重要性进行讨论，形成重点水文化资源名录。

4）重点资源调查

为挖掘重点水文化资源的价值和内涵，需成立外业调查工作小组，赴各乡镇（街道）、村（社区）等深入开展调研，完成水文化资源基础信息和图片的采集。

5）成果汇总完善

对搜集、普查以及实地调研所获取的各项数据、资料和图片等进行系统的整理，基本生成水文化重点资源库，并根据相关意见修改和完善。

第7章 水文化资源保护与利用研究

7.1 水文化资源保护与利用现状

近年来，湖南抢抓重要机遇期，自觉担负起水文化建设使命任务，提出了水文化资源研究及调查等课题任务，推动水文化资源保护与利用各项工作取得初步成效。一是基础研究逐步深入，从水文化资源定义、内涵、外延、属性，到水文化资源分类、编码、调查等，研究内容不断丰富、研究体系不断完善；二是资源挖掘逐步深入，选取澧县作为试点开展了水文化资源调查工作，取得阶段性进展和成效；三是融合发展逐步深化，长沙湘江风光带、常德诗墙、韶山灌区陈列馆、烂泥湖治理工程纪念馆等将水元素与文旅融合，韶山灌区水利风景区、芷江和平湖水利风景区已成功入选《红色基因水利风景区名录》；四是宣传影响逐步提升，成功创办《湖湘水文化》期刊，开设线上水文化宣传专栏，推出《湘水湘情》大型交响合唱、全国首部河长制题材电影《浏阳河上》、大型原创辰河戏《孙学辰》等艺术作品。但在保护与利用方面还存在一些问题，主要表现为意识不够到位、内涵挖掘不够深入、资源开发不够充分、宣传推介不够到位等方面。

7.2 水文化资源保护与利用基本要求

（1）提高思想认识

习近平总书记关于水文化的系列重要论述精神，为我们开展水文化建设工作提供了鲜明方向和科学指南，我们要深入学习把握其世界观、方法论和贯穿其中的立场观点方法，转化为做好水文化建设工作的思路办法和具体行动，充分认识新阶段加快水文化建设工作的重要意义，将其放在治水事业和治水工作全局当中，深入挖掘水文化所蕴含的时代价值，通过对水文化资源等各类载体的研究、发掘、利用，提升全社会对水文化的关注、支持和热爱，为繁荣水文化事业提供支撑。

（2）协调各方力量

水文化资源保护和利用工作涵盖行业和领域较广，需要加强水利、文物、宣传、农业、档案管理等相关部门，以及高校和科研院所之间的沟通衔接，强化协作、密切配合，统筹推进各项工作。充分发挥水文化民间团体组织的作用，调动水文化爱好者的积极性，动员与培养行业内外的力量参与其中，进一步形成水文化资源保护与利用的强大合力和良好氛围。

（3）突出保护优先

保护优先是指在水文化资源开发利用过程中，应优先考虑水文化资源的保护和传承，将水文化资源的有效保护作为其开发利用的重要前提，确保在开发利用的过程中不损害水文化资源的原始价值和基本功能。特别是对于某些具有重要价值且濒临消失的水文化资源，尤其需要重点保护、制定专门的保护措施，确保水文化资源的可持续利用和发展。

（4）合理开发利用

水文化资源的开发利用是指通过一定的方法和手段将水文化资源的潜在价值进行深入挖掘，并将其价值转化为实际的经济、社会和文化等方面的效益。水文化资源的开发利用需要综合考虑保护、传承、创新和利用等多个方面，注重水文化资源的创新性利用，将水文化与现代科技、艺术、时尚等元素相结合，创造出具有独特魅力和吸引力的水文化产品和服务，促进文化传承和地方经济高质量发展。

7.3　水文化资源保护思路与举措

水文化资源保护是水文化资源开发利用的基础和前提，需要遵循一定的保护原则，并充分借鉴旅游文化资源、红色文化资源等已有文化资源的保护方式，采取合理有效的手段和方法进行保护。

7.3.1 保护原则

（1）原真性原则

原真性本意指确实性、真实性、纯正性。在国际文化遗产领域，原真性是定义、评估和监控文化遗产的基础性因素之一，对原真性的判别涉及样式、材料、用途、技术、背景等方面。对水文化资源这类具象载体的保护，也应遵循原真性原则，即保护水文化资源的基本形态及其所蕴含的真实的历史文化信息。保持原真性并不意味着固守原状。由于自然与社会环境的变迁，决定了水文化资源很难达到客观意义上的"原汁原味"，因此保持原真性更重要的是对水文化资源基本文化因子或核心要素的延续，实现"形态"与"内涵"更高的契合度。

（2）整体性原则

整体性的基本含义是各大小系统之间相互配合，构成完整的统一体。具有自然资源属性和社会资源属性的水文化资源其实是一种空间性与历史性的文化生成，只有将水文化资源置于更大的空间范围和更长的阶段进程中，才能透视其发展与传承的机理和本质。因此不能停留于水文化资源本身的孤立保护，而应该转变为系统保护，不仅要保护具体的、有形的物，还要保护其赖以生存和发展的自然地理环境与社会文化环境，实现其存在的空间、时间及活动于时空中的人等各要素的有机统一。

（3）分层级原则

分层级保护是一项基于资源重要性的系统管理策略，指针对资源的不同级别，采取不同的保护措施。由于水文化资源种类丰富、数量巨大，因此对水文化资源分级保护的关键前提在于科学评估等级。要对水文化资源的性质、特点、功能等进行合理的评估后划分价值等级，再据此制定科学的、可操作性的分类保护方案。通过分层级保护，能够更明确哪些水文化资源处于保护优先级，从而提高水文化资源保护工作的针对性和有效性。

（4）可持续原则

可持续的深意在于既满足当代人的需求，又不对后代人满足其自身需求的能力构成危害。从这一角度来看，对水文化资源的保护也应遵循可持续原则，要将其认定为长期的事业、系统的工程、艰巨的任务，在任何情况下都不可急功近利。要明确可持续还在于效益的可持续，即保护绝对不是标本式的保护，还要保证在用的水文化资源能够正常运转，能继续保持生产生活的平稳有序。

7.3.2　保护方式和举措

（1）命名式保护

命名式保护又称名录式保护，是国际社会文化资源保护的通行方式。世界文化遗产名录、人类口头与非物质遗产代表作由联合国教科文组织评定；我国在物质文化遗产保护方面有 6 级文物保护单位，在非物质文化遗产保护方面有 4 级名录体系。在现有与水文化有关的命名式保护中，国际灌溉排水委员会主持评选的文化遗产保护项目世界灌溉工程遗产有较大影响力；《水文化遗产价值评价指南》（GB/T 42934—2023）是水文化研究方面的首个国家标准；浙江省的重要水利工程遗产资源名录、山东省的水利遗产名单、北京市的水利遗产名录、广州市的水务遗产名录等为省级层面的实践成果。对于湖南省而言，水文化资源的命名式保护可以有两条路径：一是在地方政府部门的牵头下，精选水文化资源参与各类名录申报，争取纳入文物保护单位、非遗代表性项目、工业文化遗产和农业文化遗产等名单之中，从而争取到国家有关部委的认定、挂牌、投资和建设；二是创新性地建立一套水文化资源申报、审查、命名、管理、资助、监督的认定管理工作体系。

（2）博物馆式保护

博物馆是收集、典藏、陈列和研究代表自然和人类文化遗产实物的场所，是对有科学性、历史性或艺术价值的物品进行分类并为公众提供学习与观览机会的教育机构和社会公益机构。相较于其他文化资源保护机构，博物馆的稳定性与安全性更胜一筹。博物馆式保护是中外文化资源保护中普遍采用的方式，水文化资源同样可以采用博物馆式保护，通过建设实体或虚拟博物馆、档案馆、展示馆、科普馆、文化馆等对水文化资源进行集中陈列与展示，并依托馆藏平台组织专业的团队对水文化资源开展研究、宣教等工作。例如，湖南省韶山灌区陈列馆是省级爱国主义教育基地，两个展厅运用图板、雕塑、沙盘模型等方式展示韶山灌区的建设历史、人文精神和价值功能。2023年以来韶山灌区陈列馆扎实推进了藏品收集、改陈布展和宣发教育相关工作，截至2023年8月共收集实体文物186件，已多批次接待前来开展党日活动的党员干部及前来参观学习的社会各界人士。

（3）研究性保护

研究既是保护的基础，亦是保护的重要途径。研究性保护，既包括对水文化资源的普查、对相关文化背景的研究，也包括对水文化资源保护实践的标准认定、规划，即保护措施和技术的研究。例如，澧县水文化资源研究与调查试点实践工作，不仅厘清了当地水文化资源的现状和特点，为进一步保护地方水文化奠定了坚实基础，还能为全省乃至全国的水文化资源保护工作提供一定经验。

（4）数字化保护

在大数据和信息时代的大背景下，面对种类繁多的水文化资源，数字化保护能便于实现水文化资源的高效管理和远程共享，是不二之选。对于物质类水文化资源而言，可以依靠三维图形技术和虚拟现实技术对涉水建筑物或遗址遗迹、水景观等进行记录、仿真、复原和模拟。对于非物质类水文化资源而言，可以通过数字采集与存储、数字修复与模拟、数字传播与展示等数字利用手段，将其转换为数字形态。

（5）生产性保护

生产性保护是从文化生产视角推动文化资源可持续发展的模式。

可以借助生产、流通、销售等手段，结合文化旅游等业态，推动水文化资源转化为相关文化产品与产业。在生产性保护的语境中，对水文化资源的保护旨在兼顾社会效益与经济效益，生产仅是手段，落脚点仍在保护上。一方面，尤其需要关注水文化资源的现状，对于物质类水文化资源需要关注磨损、侵蚀或人为的破坏情况，对于非物质类水文化资源需要关注保存或传承状况，不做好保护绝不进行开发利用；另一方面，要采取谨慎的态度，合理、适度地进行开发利用。

7.4　水文化资源利用思路与举措

7.4.1　利用原则

（1）保护与开发相结合的原则

水文化资源虽然广泛多样，且有长期重复利用的可能，但若使用过度、维护不当，资源便会遭到破坏，甚至造成不可逆的损坏，尤其是一些物质类水文化资源。例如，涉水遗址遗迹、水景观等是不能再生的资源，一些非物质类水文化资源则需要经过特殊的传承手段和渠道才有再生可能。因此，对水文化资源的开发利用务必审慎，开发活动必须同保护相结合，坚持"保护与开发并举、以保护为重"的思路，做到在保护中开发，在开发中保护。

（2）继承和创新相结合的原则

在开发利用水文化资源时，继承和创新是不可分割的两个部分。一方面，水文化资源在开发利用时需要保留其文史信息和价值内涵，避免"变质"。另一方面，也不能墨守成规，需要结合时代发展和社会需求，探索水文化资源开发利用的新内容、新载体和新形式。

（3）整体与重点相结合的原则

对水文化资源进行开发利用时，首先要有一个切合实际而且行之有效的整体规划，以免出现资源浪费、重复建设等问题，确保资源得到合理配置。同时，鉴于不同地区的水文化资源具有独特性和差异性，还需要重视特色水文化资源的个性化开发。

（4）经济效益与社会效益相结合的原则

经济效益是经济活动的核心驱动力，开发利用水文化资源旨在通过水文化资源的物态转换来实现其经济价值。需要注意的是，水文化资源的价值功能远不止于经济层面，更涵盖文化传承、民众教化、地方形象塑造等多元社会价值。因此，在开发利用水文化资源时，必须寻求经济效益和社会效益的最佳契合点，实现二者的有机结合。

7.4.2　利用方式和举措

（1）文化和旅游业

以观光旅游为主的传统文化和旅游产业，亟须转型升级发展成为以文化资源和内容为基础，以技术应用为引领的互动、体验为主的新型文化和旅游产业。因此将水文化与文化和旅游产业深度融合，使其符合文化和旅游产业创新发展的趋势。目前水利风景区、水情教育基地等日益受到大众青睐，有效助力了生态文明建设。除这两种以外，水文化资源还可以有以下四种文化和旅游利用方式：

1）水地标景观

地标是指某地方具有独特地理特色的建筑物或者自然物。景观最初是指适合人类观赏的自然景色和人工营造的风景。水地标景观可以理解为以水为主要元素，通过规划、设计和开发形成的标志性风光，能在延续地方文脉、彰显地域特色、提升旅游吸引力等方面发挥重要作用。将单个水文化资源打造为水地标景观，是一种相对简单易行、见效快、增值快的开发利用模式，相对适用于（小微型）物质类水文化资源，如水库、堤防、灌区、水电站、水文测站等，可以利用其外部空间进行景观设计，还可以利用其内部空间进行信息展示，并在其周边设置公共性空间。这种对单项水文化资源的活化利用不需要复杂的资源协同，能简化开发利用流程，同时易于进行管理和维护。

例如，湖南省浏阳市小河乡有一座网红景点——"鱼鳞坝"，坝体用172个"鱼鳞片"设计而成，每一个"鱼鳞片"均为弧形蓄水池，流水经过"鱼鳞片"形成层叠水花，该处成为游客休闲娱乐、感知水工程建筑、感受乡村水美的特色水地标景观。

2）水文化游线

游线是指为使旅客能以最短的时间获得最佳的观赏效果，由旅游经营部门串联若干旅游点或旅游城市（镇）所形成的有一定特色的合理走向。世界著名的水上旅游线路有欧洲的地中海游线、北极游线、莱茵河游线、第聂伯河游线，美洲的加勒比海游线等。国内的 10 条黄河主题国家级旅游线路，10 条长江主题国家级旅游线路均为文化和旅游部推出。水文化精品游线的打造，需要在市场调查和分析的基础上，对水文化资源进行挑选与整合，并进行市场化运作经营，以实现重点水文化资源的资本转化和价值增值，同时促进沿线区域旅游业的协同发展。例如，若要打造一条"水兮湖湘·文明探源"游线，可以在湖南省各个城市精选 1 ～ 2 处涉水遗址遗迹作为关键节点，串点成线，以便大众能在旅游过程中感受湖湘悠久且厚重的水文化风采。

3）水文化公园

主题公园是具有创意性活动方式的现代旅游场所，一个或多个特定的主题创意是主题公园的灵魂。世界上第一个现代大型主题公园是迪士尼乐园，国内较为知名的有环球影城、方特欢乐世界、长隆旅游度假区等。以"水"为核心理念，经综合性的规划设计，则可以打造出集观光、娱乐、休闲、度假、教育活动于一体的水文化公园。在选址建基时，最好充分利用原有不可移动的物质类水文化资源如水景观、涉水建筑物或遗址遗迹等，以现存景观环境为依托进行适当改造提升，弱化人工痕迹，保持本真风貌；对功能区域进行合理规划，以便在不同的主题空间带来多元的人水互动；可运用文化复制、文化陈列等手段及高新技术，将水工具或水设施等可移动的物质类文化资源要素，以及治水事件、治水人物、涉水文艺等非物质类水文化资源要素融入重要节点，实现价值精神贯穿场所始终。例如，湖南省韶山市打造了河长制水文化主题公园，该公园位于青年水库坝基下，以"碧水蓝天，红润韶山"为主题，按比例微缩形成了湖南境内重要水系、水库地形地貌，并陈设了一系列文化景观小物件，让游客在休闲之余感受深厚的水文化底蕴以及湖湘红色文化。

4）水文化节

节事活动形式上包括政治、文化、体育、商业等范围内的集会、庆祝与娱乐活动。在文化与旅游产业融合和体验经济的新时代背景下，节庆文化与旅游产业的融合已成为备受欢迎的旅游项目。水文化节可以理解为以水为主题，通过各种文艺、表演、展览等活动形式，弘扬和传承水文化、水文明的一种庆典性活动。其中，非物质类水文化资源要素可以极大地提升水文化节的趣味性，如打造涉水民俗的展示与体验活动、涉水文艺的演出与创作活动等。节庆模式能赋予水文化资源新的内涵，也极易产生良好的资源升值回报。

例如，在条件允许的情况下，以地方龙舟赛为依托，打造具有地域特色的水文化节，将地方的各种水民俗、水历史、水故事等植入一系列互动体验活动中，助力弘扬地方文化、擦亮文旅名片。

（2）艺术业

1）表演艺术

表演艺术指需要通过表演完成的艺术形式，如演奏、演唱、舞蹈、曲艺等。非物质类水文化资源更容易被转化为表演艺术，多样化表演艺术形式能将文字脚本中的间接形象转化为直观形象，使观众仿佛身临其境，产生情感共鸣，获得审美体验。这种活态利用的方式有助于水文化资源的推陈出新和传播推广。例如，通过对澧水船工号子、荆河戏等典型非物质类水文化资源的价值和内涵进行挖掘，并通过戏曲、舞蹈等群众喜闻乐见的表演方式进行推广、传播。

2）工艺品或文创产品

工艺品指有一定艺术属性的能够满足人民群众日常生活所需，具有装饰、使用功能的商品，如陶瓷、剪纸、刺绣、雕刻等。运用工艺、技艺，将水文化资源转化为具有实用性和观赏价值的文创产品，也是一种很好的利用途径。在快节奏的现代生活中，兼顾趣味性、创新性与知识性的文创产品，既能展现水文化资源的独特魅力，又具有一定的收藏价值。例如，地方在开发文创产品时，可以结合当地典型的涉水建筑物或遗址遗迹，推出印章盲盒、木质书签、陶瓷茶具等。

（3）出版业

1）传统出版

传统出版业是指通过印刷、制作和销售图书、报纸、期刊、音像影视等传统媒体产品的行业。传统出版物能通过文字、图像、音乐等再现各类水文化资源，给观者留下广阔的想象空间。对于湖南省内的相关治水制度、治水人物、治水事件等非物质类水文化资源，可以通过编写专著或系列丛书的方式进行出版，宣传湖南省的治水、兴水成效及经验、典型，从而有效提升水文化资源的知名度，并真正发挥水文化资源的价值和宣教意义。

2）数字出版

数字出版是利用数字技术编辑内容并通过网络传播数字内容产品的新型出版模式，如电子图书、数字报纸、数字期刊、网络地图、网络漫画等。相较于传统出版，数字出版物在展示各类水文化资源时，版本更新更加快速便捷，形式更为生动直观，同时更加符合当下群众移动化、场景化、即时化、社交化的阅览习惯。例如，可以在线上主流媒体或自媒体平台上，开放点击、下载渠道，方便公众浏览与湖南省水文化资源相关的电子书、刊物、地图、短漫等。

3）视频创作

视频创作是指通过拍摄、剪辑、特效处理等手段，将影像、音频、文字等元素组合起来，制作出具有特定主题和故事情节的视频作品。水文化资源的开发利用可以变换叙事视角，运用代表湖湘文化特色的艺术形式，推出一系列有思想深度、有艺术品位的"湖湘水佳作"。应当加强在短视频平台进行创作生产，实现多样化融合传播。

第8章 结论与展望

8.1 结论与创新

（1）首次系统阐述水文化资源基础理论

围绕水文化资源开展了理论探讨与创新，并形成了一套内容比较丰富、体系相对完备的研究成果。一是首次正式提出了水文化资源的概念，对水文化资源的定义进行了明确和界定；二是阐明了"什么是水文化资源"，对水文化资源的内涵及外延进行了阐述；三是探讨分析了水文化资源的相关概念及其与各相关概念的关系，重点探讨了水文化资源与水文化、水文化资源与文化资源、水文化资源与水文化遗产等之间的关系。研究所形成的水文化资源基础理论可为水文化研究和建设提供有益参考。

（2）科学提出水文化资源分类体系

开展了水文化资源分类研究，提出了包括物质类水文化资源和非物质类水文化资源的分类体系。其中，物质类水文化资源包括水利工程、水工具或水设施、涉水建筑物或遗址遗迹、水景观、水文测站等；非物质类水文化资源包括治水制度、治水事件、治水人物、涉水科技、涉水文艺、涉水民俗。水文化资源的分类体系为后续资源调查和成果汇编明确了路径。

（3）探索开展水文化资源调查试点

澧县是世界农耕文明的重要发源地，有中国最早的水稻田（彭头山）和中国最早的城市（城头山），水文化底蕴深厚，同时澧县县委、县政府高度重视水文化建设工作，因此选择澧县作为试点县开展了水文化资源试点调查工作。经过为期近1年的调查，形成了水文化资源调查试点系列成果，厘清了澧县水文化历史脉络、核定了重点水文化资源名录，形成了包括"一图""一册""一书""一名录""一报告""一专题片"在内的澧县水文化资源库。

（4）提出水文化资源保护利用的思路建议

基于湖南省水文化资源保护与利用现状，提出了全省水文化资源保护和利用的基本原则、举措，以及水文化资源传承保护与开发利用的相关建议，为今后水文化资源的开发利用提供参考。

8.2 不足之处

按照"边摸索、边实践、边提升"的工作思路，湖南省水文化资源研究与调查试点实践工作取得了阶段性成效，为后续研究和工作的开展打下了坚实基础。但由于该项工作在全国属于首创，缺乏可以借鉴的有效经验，在工作推进过程中还存在以下不足之处。

（1）水文化资源的价值界定存在一定的主观性

本研究认为水文化资源必须同时满足以水为载体、人与水发生关系、有一定价值这3个基本条件，才可以被称为水文化资源。"有一定价值"这个表述相对来说比较笼统和模糊，由于对"什么样的资源可以称为水文化资源""哪些资源可以算是重点水文化资源"缺乏有效的评价依据和判定标准，因此对水文化资源的界定难免会存在一定的主观性。

（2）水文化资源的分类仍存在少量不同理解

水文化资源属于全新的概念，其分类尚无统一规定和标准，本研究提出了按层次、主题和形态等方法进行分类。湖南省水文化资源是按水文化资源的既有形态（物质类和非物质类）进行分类的，但是部分水文化资源分类仍存在争议：如城头山遗址到底是属于涉水遗址遗迹还是水利工程，水文测站是属于水利工程还是非水利工程，不同专家存在不同的理解。

8.3 展望

（1）进一步深化水文化资源理论研究

针对当前水文化资源的价值判定、分类体系等方面存在的重难点问题，重视水文化资源的系统研究和科学保护，进一步深化相关基础研究：一是水文化资源评价指标与价值评估研究，通过查阅相关文献资料和多渠道听取专家意见等方式，探索开展水文化资源价值定性及定量评价相关研究，为水文化资源价值评定提供量化支撑；二是水文化资源分类体系优化完善相关研究，结合调查试点实践的相关情况，对现有分类体系进行进一步修改、调整和优化，为完善水文化资源理论体系提供支撑。

（2）注重核心成果的宣传推介

多方式、多渠道宣传推介水文化资源研究与调查试点工作成果，提高全社会对水文化资源的知晓度和关注度。一是重视水文化资源的档案管理工作，建立湖南省水文化资源数据库，及时掌握各地水文化资源的动态变化，并推动相关数据信息在全社会范围内开放和共享，可借鉴浙江等地的工作经验，建立专门的水文化资源线上管理平台，对水文化资源进行展示和宣传；二是通过政府和各级水利部门门户网站进行推介，对水文化资源的核心成果进行宣传介绍；三是结合"非遗进校园""非遗进景区""非遗进社区"等活动，让水文化资源更多地进入大众视野，使其得以更好地传播和传承。

（3）加强典型水文化资源价值挖掘和开发利用

充分利用已有工作成果，进一步发掘城头山遗址、鸡叫城遗址、紫鹊界梯田、韶山灌区、澧水船工号子等典型水文化资源的内涵，深入研究挖掘其历史、社会、科技、艺术等方面的独特文化价值，形成专门的理论研究成果。与此同时，结合地区经济社会发展规划、乡村振兴、旅游业发展等实际需求，在合理保护的基础上，加强典型水文化资源的开发利用，全面整合水文化资源，推进相关文旅产品的开发，积极打造"湖湘水基地""湖湘水地景""湖湘水游线""湖湘水节日"等文旅 IP，使之成为传播水文化的平台，成为水文化产业发展的领域，打造湖南省内乃至国内有名的文化与旅游产业融合示范案例，切实发挥水文化资源的价值及作用。

（4）逐步推广水文化资源调查工作

积极查找问题和不足，扎实做好调查试点总结提升工作，形成可复制、可推广的经验。结合实际情况，选择基础条件较好的区域，在湖南省范围内以县域为单元逐步推广水文化资源调查工作，强化技术支撑，规范调查标准和要求，因地制宜制定调查工作方案和技术方案，稳步推进调查工作，对调查的资源进行筛选、甄别、分类，逐步形成湖南省水文化资源库，为湖南省水文化建设提供载体和支撑。

参考文献

［1］ 刘生全.一个值得关注的本源性问题——文化：不同语境下的理解与阐释［N］.北京日报，2023-05-15.

［2］ （日）镜味治也.文化关键词［M］.张泓明，译.北京：商务印书馆，2015.

［3］ （法）埃尔.文化概念［M］.康新文，晓文，译.上海：上海人民出版社，1988.

［4］ 吕长竑，夏伟蓉.文化：心灵的程序——中西文化概念之归类和词源学追溯［J］.青海民族学院学报，2009，35（3）：137-141.

［5］ 殷海光.中国文化的展望［M］.北京：商务印书馆，2017.

［6］ 闵家胤.西方文化概念面面观［J］.国外社会科学，1995（2）：64-69.

［7］ 许诗丹，任棐，田世民，等.国内外水文化研究对比与思考［J］.人民黄河，2022，44（S1）：36-37+41.

［8］ 范友林.从水文化的实质谈起［J］.治淮，1990（4）：55.

［9］ 郑大俊，王如高，盛跃明.传承、发展和弘扬水文化的若干思考［J］.水利发展研究，2009，9（8）：39-44.

［10］ 冯广宏.何谓水文化［J］.中国水利，1994（3）：50-51.

［11］ 李宗新，靳怀堾，尉天骄.中华水文化概论［M］.郑州：黄河水利出版社，2008.

［12］ 郑晓云.水文化的理论与前景［J］.思想战线，2013，39（4）：1-8.

［13］ 李可可.水文化研究生读本［M］.北京：中国水利水电出版社，2015.

［14］ 靳怀堾.水文化与水利文化［J］.山东水利，2023（9）：4-7.

［15］ 高倩，雒望余.水文化元素在水利工程中表现途径的思考［J］.陕西水利，2020（9）：275-276.

［16］ 刘七军.传统水文化的生态智慧——节水型社会建设的灵魂［J］.水利发展研究，2010，10（9）：70-75.

［17］ 付广华.壮族传统水文化与当代生态文明建设［J］.广西民族研究，2010（3）：86-94.

［18］ 郭家骥.西双版纳傣族的水文化：传统与变迁——景洪市勐罕镇曼远村案例研究［J］.民族研究，2006（2）：57-65+109.

［19］ 艾菊红.水之意蕴：傣族水文化研究［M］.北京：中国社会科学出版社，2010.

［20］ 周大鸣，李陶红.侗寨水资源与当地文化——以湖南通道独坡乡上岩坪寨为例［J］.广西民族研究，2015（4）：51-58.

［21］ 黄龙光.论西南少数民族水文化的社会功能［J］.原生态民族文化学刊，2017，9（4）：98-107.

［22］ 李晟，彭重华，陈祖展.水文化与"美丽乡村"景观建设研究［J］.安徽农业科学，2014，42（22）：7502-7504.

［23］ 李俊奇，吴婷.基于水文化传承的湖州市海绵城市建设规划探讨［J］.规划师，2018，34（4）：63-68.

［24］ 肖冬华.人水和谐——中国古代水文化思想研究［J］.学术论坛，2013，36（1）：1-5.

［25］ 史鸿文.论中华水文化精髓的生成逻辑及其发展［J］.中州学刊，2017（5）：80-84.

［26］ 郑晓云.水文化与水历史探索［M］.北京：中国社会科学出版社，2015.

［27］ 师庆东，王智，贺龙梅，等.基于气候、地貌、生态系统的景观分类体系——以新疆地区为例［J］.生态学报，2014，34（12）：

3359-3367.

[28] 苑利, 顾军. 非物质文化遗产分类学研究 [J]. 河南社会科学, 2013, 21 (6): 58-62.

[29] 孙兴丽, 刘晓煌, 刘晓洁, 等. 面向统一管理的自然资源分类体系研究 [J]. 资源科学, 2020, 42 (10): 1860-1869.

[30] 吕娟. 水文化理论研究综述及理论探讨 [J]. 中国防汛抗旱, 2019, 29 (9): 51-60.

[31] 王雁. 齐文化资源的品种、分类及特征 [J]. 管子学刊, 2012 (2): 65-69.

[32] 高乐华, 曲金良. 基于资源与市场双重导向的海洋文化资源分类与普查——以山东半岛蓝色经济区为例 [J]. 中国海洋大学学报 (社会科学版), 2015 (5): 51-57.

[33] 张泰城. 论红色文化资源的分类 [J]. 中国井冈山干部学院学报, 2017, 10 (4): 137-144.

[34] 陈海鹰, 李向明, 李鹏, 等. 文化旅游视野下的水利遗产内涵、属性与价值研究 [J]. 生态经济, 2019, 35 (7): 141-147.

[35] 张念强. 基于价值评估的水利遗产认定 [J]. 中国水利, 2012 (21): 8-9.

[36] 钟燮. 江西省泰和县槎滩陂水利遗产的保护与利用研究 [D]. 南昌: 江西农业大学, 2016.

[37] 李云鹏, 吕娟, 万金红, 等. 中国大运河水利遗产现状调查及保护策略探讨 [J]. 水利学报, 2016, 47 (9): 1177-1187.

[38] 李淑倩. 东深供水工程线性水利遗产研究 [D]. 广州: 华南理工大学, 2022.

[39] 汪健, 陆一奇. 我国水文化遗产价值与保护开发刍议 [J]. 水利发展研究, 2012, 12 (1): 77-80.

[40] 谭徐明. 水文化遗产的定义、特点、类型与价值阐释 [J]. 中国水利, 2012 (21): 1-4.

［41］ 霍艳虹.基于"文化基因"视角的京杭大运河水文化遗产保护研究〔D〕.天津：天津大学，2017.

［42］ 谭朝洪.永定河（北京大兴段）水文化遗产价值评估及保护研究〔D〕.北京：北京建筑大学，2021.

［43］ 高竹军，彭相荣，李双江，等.成都市水文化遗产特点及保护利用研究〔J〕.四川水利，2023，44（1）：156-160+164.

［44］ 张建国，庞赞.城市河流水利风景区游客感知与其满意度忠诚度测度〔J〕.城市问题，2015（12）：39-45.

［45］ 胡静，于洁，朱磊，等.国家级水利风景区空间分布特征及可达性研究〔J〕.中国人口·资源与环境，2017，27（S1）：233-236.

［46］ 曹静怡，刘昌辉，丰莎，等.水利风景区生态系统生产总值核算〔J〕.水利经济，2023，41（5）：38-44+98.

［47］ 余凤龙，黄震方，尚正永.水利风景区的价值内涵、发展历程与运行现状的思考〔J〕.经济地理，2012，32（12）：169-175.

［48］ 马云，单鹏飞，董红燕.水文化传承视域下城市水利风景区规划探析〔J〕.规划师，2017，33（2）：104-109.

［49］ 范宪军，吴瑞静，石涛，等.湖南澧县鸡叫城聚落群调查、勘探与试掘〔J〕，考古，2023（5）：22-40+2.

附录 A　物质类水文化资源调查登记表

表 A1　　　　　　　　彭头山遗址调查登记表

名称	彭头山遗址	调查时间	2023 年 7 月 14 日
类别	遗址遗迹	所在位置	城头山镇
建成时间	9000 年前	保存状况	完好
规模	面积约 2 万平方米	管理单位	城头山镇人民政府

资源内容描述

　　彭头山遗址位于澧县城头山镇彭头山村,是一处新石器时代早期遗址,距今 9000～8000 年,面积 2 万平方米。

　　遗址于 1986 年全省文物普查时被发现,1988 年由湖南省文物考古研究所主持进行发掘,发掘面积 400 平方米。除发掘出房址、墓葬、陶器等遗迹古物外,更为重要的是在陶器内发现了大量稻谷、稻壳印痕,充分展现了原始稻作农业发展的规模,由此确立了长江中游地区在中国稻作农业起源与发展的历史地位。

　　彭头山遗址是长江中游发现的目前最早的新石器时代遗址,因其独特的文化内涵已被考古界命名为"彭头山文化",其为此类遗存的识别提供了标尺,对中国新石器时代早期古文化和稻作起源、原始农业产生等研究课题都具有重要价值。

　　2001 年被国务院公布为全国重点文物保护单位。

图片展示

表 A2 澧水文良制调查登记表

名称	澧水文良制	调查时间	2023 年 7 月 27 日
类别	遗址遗迹	所在位置	澧西街道
建成时间	1862 年	保存状况	较好
规模	制长 80 米	管理单位	澧西街道办事处

资源内容描述

澧水文良制位于澧西街道荣家台社区，北邻恒大御景湾小区，横亘于澧水河道左岸，系古代治水水利工程，起到削减洪水冲击势头的作用。

据清同治《直隶澧州志》载：文良制早在明代就已修造，清代重修，该石碑年代目前定为清代，详情有待进一步考证。第三次全国文物普查时，其被登记为碑刻类文物单位。

制沿澧水大堤修建，由北往南向澧水河道中间伸展，南北长约 80 米，宽 20～25 米，制头呈梯形，由青石条构筑，中间夯土，分上、下两层，下层高约 4 米，上层残高 1 米，原制上建有龙神祠，现已无存。

图片展示

表 A3　　　　　　　　　　澧阳大垸调查登记表

名称	澧阳大垸	调查时间	2023 年 7 月 25 日
类别	堤垸	所在位置	澧阳平原中部
建成时间	明末清初	保存状况	完好
规模	重点垸	管理单位	澧县水利局

资源内容描述	澧阳大垸位于澧水左岸，东临津市老城区及国有涔澹农场，南滨澧水，西接临澧新合大垸，北界涔水，澧县县城坐落其中，垸区总面积 55.36 万亩，人口约 44 万人，是松澧垸（湖南省 11 个重点垸之一）的重要组成部分。该堤垸在明清时期由众多小堤垸组成，历经沧桑巨变及无数次整合，特别是通过新中国成立后的一系列水利建设，最终形成现有的堤垸格局。澧阳大垸有澧水一线堤 30.9 千米，涔、澹水二线大堤 60.3 千米，澧阳大垸对研究古今堤垸的演变发展具有重要的历史价值。

图片展示	 

表 A4　　　　　　　　　王家厂水库调查登记表

名称	王家厂水库	调查时间	2023 年 7 月 7 日
类别	水库	所在位置	王家厂镇
建成时间	1959 年	保存状况	完好
规模	大（2）型	管理单位	澧县水利局

<table>
<tr><td rowspan="1">资源内容描述</td><td colspan="3">

　　王家厂大型水库位于澧水支流涔水中游的王家厂镇，距县城 33 千米。坝址以上控制流域面积 484 平方千米，占涔水流域面积的 41%，是一座以防洪、灌溉为主，结合发电、养殖、航运及湿地、生态补水等综合功能的国家大（2）型水库，总库容 2.78 亿立方米，正常库容 2 亿立方米，设计灌溉面积涉及澧县、临澧县两县农田 40.35 万亩，实际灌溉面积 35 万亩，防洪保护耕地面积 100 万亩。该水库于 1958 年 9 月动工兴建，1959 年 3 月完成大坝枢纽工程，1960 年 3 月关闸蓄水并正式发挥效益。

　　王家厂水库集历史价值、社会价值、科学价值、生态价值和旅游价值于一身。

</td></tr>
</table>

图片展示

表 A5 　　　　　羊湖口泵站调查登记表

名称	羊湖口泵站	调查时间	2023 年 7 月 28 日
类别	机电排灌工程	所在位置	澧澹街道
建成时间	1995 年	保存状况	完好
规模	大型	管理单位	澧县水利局

资源内容描述	澧县羊湖口泵站位于澧水左岸，东临津市。该泵站于 1992 年动工兴建，1995 年建成投入运行，装机容量 4×1600 千瓦，设计流量 82 立方米每秒，担负着澧阳平原近 60 万人口及 53.7 万亩耕地的排洪排涝任务。自建成投入运行 20 多年来，该泵站为受益区经济社会发展起到了极其重要的保障作用，特别是在 1998 年、2003 年及 2020 年特大洪水年份，充分发挥了其工程效益，将经济损失降到了最低，使澧阳平原灾情甚微。 　　在建设过程中，党和国家领导人江泽民、朱镕基、李瑞环曾分别亲临羊湖口泵站工地视察，对该泵站的建设和发展起到了积极而深远的影响。
图片展示	

表 A6 澧阳平原灌区调查登记表

名称	澧阳平原灌区	调查时间	2023 年 7 月 14 日
类别	灌区	所在位置	澧县中心区域
建成时间	1960 年	保存状况	完好
规模	大型	管理单位	澧县水利局

资源内容描述	澧阳平原灌区是湖南省 23 个大型灌区之一，受益人口 38.2 万人，其中农业人口 26 万人，耕地总面积 45.5 万亩。 灌区始建于 1958 年，1960 年初步建成受益，后于 1972 年基本形成一个灌排功能兼备、受益范围最大化、可多点取水的成熟灌区。其设备设施主要包括王家厂水库南北干渠、青山湖电排站引水渠、纵横交错的干支渠、引水到田间地头的斗渠及无数节制闸等。 自建成使用以来，该灌区为澧县这一农业大县的经济发展发挥了不可替代的重要作用。特别是 1960 年、1963 年、1972 年、1992 年、2001 年、2019 年、2022 年等典型干旱年，灌区贡献尤其显著。

图片展示	

表 A7 　　　　　　　　　　小渡口水闸调查登记表

名称	小渡口水闸	调查时间	2023 年 7 月 28 日
类别	水闸	所在位置	小渡口镇
建成时间	1974 年	保存状况	完好
规模	大型	管理单位	澧县水利局

<table>
<tr><td rowspan="1">资源内容描述</td><td>

小渡口大型排水闸位于澧水左岸、小渡口镇境内的涔河出口处，东临松澧垸，西临小渡口大型泵站。小渡口水闸始建于 1974 年，当时为条石拱涵结构，初建 8 孔，流量 1094 立方米每秒，后于 2015 年进行了改（扩）建，8 孔变 10 孔，拱涵变箱涵，排水流量提升为 1836 立方米每秒，大幅提高了水闸的泄洪安全保障能力。小渡口水闸历经 1974 年初建、2004 年除险加固及 2015 年改（扩）建，见证了澧县水闸建设的发展进步，具有较强历史价值和科学价值。

小渡口闸主要有三大功能：排洪排涝、防洪保安及蓄水抗旱。小渡口水闸为澧阳平原广大群众的生命财产安全和 100 万亩耕地的旱涝保收提供了有力保障，具有显著的社会价值。
</td></tr>
</table>

图片展示

表 A8　　　　　　　　　　艳洲水电站调查登记表

名称	艳洲水电站	调查时间	2023 年 7 月 17 日
类别	水电站	所在位置	澧南镇
建成时间	1994 年	保存状况	完好
规模	中型	管理单位	澧县艳洲水利水电工程管理局
资源内容描述	艳洲水电站位于澧水下游，澧县县城西南，是澧水流域的末级电站，装机容量 10×3300 千瓦，多年平均年发电量 1.2 亿千瓦时，总库容 1.7 亿立方米。 艳洲水电站是澧县历史上第一座中型水电站，始建于 1976 年。1978 年水电部部长钱正英、湖南省委书记毛致用来工地视察，钱正英部长做出了"增加两台机组以进入国家计划"的重要指示，1980 年因工程地质问题和国民经济方向调整而停工缓建，1991 年开工续建，1991 年水利部部长杨振怀为工程亲笔题写"艳洲水电站"站名，1994 年艳洲水电站竣工投入运行并网发电，2008 年在左岸兴建装机容量 2×10000 千瓦电站。枢纽工程除主发电厂房、船闸、拦河大坝外，还有国内少有的 367 米长的蛇形溢流坝，展示了水电工程建设者们的聪明才智，具有较高的科学价值。		
图片展示			

表 A9　　　　　　　　　　山门水厂调查登记表

名称	山门水厂	调查时间	2023 年 6 月 29 日
类别	农村供水工程	所在位置	火连坡镇
建成时间	2014 年	保存状况	完好
规模	大型	管理单位	澧县水利局
资源内容描述	山门水厂位于澧县火连坡镇的羊耳山村，是澧县"十二五"规划新建的大型农村集中供水工程，属重大民生工程。2013 年开工建设，2014 年底竣工投入使用，总投资 1.2 亿元，设计日供水量 3 万吨，可满足 30 万人的生活饮水需求，是当时湖南省最大的农村供水工程。山门水厂供水工程主要由取水、输水、净水及配水四大部分组成。山门水厂水源取自山门水库，水质优良，常年保持在 Ⅱ 类以上，然后通过输水管道输送到厂区的网格絮凝池、斜管沉淀池、双阀滤池、清水池等进行处理，最后将达标的饮用水配送到千家万户。受益区主要是山门水库下游的火连坡镇、王家厂镇、大堰垱镇、城头山镇、涔南镇、梦溪镇及澧西、澧阳、澧浦 3 个街道的部分社区，有力地保障了地区饮水安全，带来了了重要的社会效益。		
图片展示			

表 A10　　　　　　　　上马墩古堰调查登记表

名称	上马墩古堰	调查时间	2023 年 7 月 14 日
类别	堰塘	所在位置	金罗镇
建成时间	明代	保存状况	完好
规模	骨干塘	管理单位	金罗镇人民政府

资源内容描述

　　上马墩古堰位于澧县金罗镇金鸡岭社区,夫人寨的半山腰,库容 3.5 万立方米,有泉水源源不断地流入堰中。自古以来,该堰从未枯竭,为下游近千人口饮水及 1000 多亩农田抗旱保收发挥了重要作用。

　　明崇祯十七年(1644 年)四月二十三日,李自成兵败山海关,在其武将出身的高夫人护卫下,率部撤离北京一路南下,次年在湖北通城九宫山遇害,高夫人率残部继续南撤到今澧县金罗镇夫人寨一带,安营扎寨,安抚百姓,休整练兵。为了解决将士们和周边百姓生活用水问题,军民联手在半山腰一处洼地筑坝挡水修成了堰塘,因附近有高夫人出征上马的岩石一块,后人将其称为上马墩堰。

图片展示

表 A11 　　　　　　　　　　澧南撇洪工程调查登记表

名称	澧南撇洪工程	调查时间	2023 年 7 月 27 日
类别	撇洪工程	所在位置	澧南镇
建成时间	1952 年	保存状况	完好
规模	撇洪集雨面积 6.6 平方千米	管理单位	澧南镇人民政府

资源内容描述	1952 年秋，为减轻山水入澧南垸造成溃灾，便沿西边丘陵从漫崖坡向南北各开一道顺山沟，向北经尹家湾至乔家河入澧水，向南经敞口垸入道水。两条渠共长 11 千米，拦截集雨面积 6.6 平方千米，南渠最大泄洪流量 4.4 立方米每秒，北渠最大泄洪流量 9.7 立方米每秒。这是澧县的第一条撇洪沟，撇洪效果很好，为傍山的堤垸解决溃灾提供了一种新的途径，具有重要的历史价值和科学价值。 　　毗邻澧南垸的彭坪垸，1970 年也开挖了窑咀撇洪渠，拦截集雨面积 2.66 平方千米。渠道长 3 千米，底宽 3～4 米，上起鸭子堰，下至胡家屋场，泄洪流量 5 立方米每秒，受益面积 3000 亩。
图片展示	

表 A12   澧县水文站调查登记表

名称	澧县水文站	调查时间	2023 年 8 月 3 日
类别	水文测站	所在位置	澧阳镇临江东路
建成时间	1946 年	保存状况	完好
规模	/	管理单位	常德市水文局

资源内容描述

　　澧县水文站位于湖南省澧县澧阳镇临江东路，于 1946 年 5 月设立，1948 年 3 月迁移至张公庙，改站名为刘家河，1951 年 12 月撤销，2008 年 1 月湖南省水文水资源勘测局恢复建站为澧县站。

　　观测项目包括水位、降水、水质、墒情、地下水等。基本观测断面位于澧县兰江闸下游约 200 米处，断面呈"U"形，河床由卵石夹沙组成，两岸是澧水防洪大堤，左、右堤顶高程分别为 49.10 米、47.68 米。河道顺直长度约 1000 米，断面距河口 16 千米。澧县水文站自 2008 年建站以来，最高水位 43.92 米（2020 年 7 月 7 日），最低水位 28.56 米（2022 年 11 月 19 日）。

　　澧县水文站的恢复建站，结束了澧水下游澧县段无水文站的历史，为澧县防大汛、战高洪提供重要的汛情信息支撑。

图片展示

表 A13　　　　澧水溃口警示碑调查登记表

名称	澧水溃口警示碑	调查时间	2023 年 7 月 27 日
类别	附属物（其他水利工程）	所在位置	澧南垸澧水大堤
建成时间	1998 年	保存状况	完好
规模	3 块各 1 平方米	管理单位	澧南镇人民政府

资源内容描述

　　澧水溃口警示碑位于澧南垸澧水大堤上，共 3 块，分别位于 1998 年澧南垸溃决的三处溃口位置，即白芷棚、汪家洲、刘家祠堂。1998 年，全国洪涝灾害严重，澧水流域未能幸免，7 月 23 日，石门三江口水文站实测泄洪流量高达 19900 立方米每秒，澧南垸漫溃，淹没耕地 3.4 万亩，冲毁农田 0.6 万亩，死亡 53 人，失踪 1 人，工农业及基础设施损失共计 4.93 亿元。灾情发生后，党中央、国务院把百姓生命安全放在首位，一方面加大了水利工程建设力度，另一方面以澧南垸为试点开展了平垸行洪、移民建镇工作。

　　澧水溃口警示碑是党和人民生死相依的实物见证，具有较高的历史价值。第三次全国文物普查时，其被登记为近现代水利设施及附属物类文物单位，属县保护级。

图片展示

表 A14 白鹤岭渡槽调查登记表

名称	白鹤岭渡槽	调查时间	2023 年 6 月 30 日
类别	配套工程（其他水利工程）	所在位置	火连坡镇
建成时间	1977 年	保存状况	完好
规模	设计流量 1 立方米每秒	管理单位	火连坡镇人民政府

资源内容描述	白鹤岭渡槽位于火连坡镇新桥村，是山门太青水库灌区干渠主支渠上的重要建筑物，长 1620 米，是澧县 350 处渡槽中最长的一处，也是建设之初湖南省最长的渡槽，结构形式为混凝土 "U" 形槽，设计流量 1 立方米每秒，为新桥、双庆等 5 个村的农田提供灌溉服务。1976 年 9 月动工兴建，次年竣工通水。建设时期，广大人民群众发扬 "一不怕苦，二不怕死" 的革命精神，高空扎架装模，将混凝土用木桶一点点人工提运至 10 多米的高空，浇筑建成空中引水通道。该工程建成已近半个世纪，仍在正常使用，为澧县农业丰收发挥着重要作用，具有较高的社会价值、科学价值、历史价值和艺术价值。

图片展示	 

表 A15　　　　　　　防汛军用电台调查登记表

名称	防汛军用电台	调查时间	2023 年 7 月 7 日
类别	涉水器具	所在位置	王家厂水库陈列馆
建成时间	1960 年	保存状况	完好
规模	功率 120 瓦	管理单位	王家厂水库管理处

资源内容描述	在澧县王家厂水库陈列馆摆放着一台 705B 军用电台，是 1960 年王家厂水库发生溃坝型险情时，王家厂水库抢险现场每天与湖南省委、党中央和国务院汇报时的防汛通信工具。当年 7 月 27 日，水库水位暴涨，库容超汛限库容 2000 万立方米，当时未建溢洪道，因而引发一系列重大险情，险情持续半月之久。由于没有电话，此电台成为当时的抢险总指挥（常德行署书记）王敬与上级联系的唯一工具，为抢险胜利立了大功，具有一定的历史价值。

图片展示	

表 A16　　　　　　兰江绣水调查登记表

名称	兰江绣水	编 号	2023 年 8 月 3 日
类别	水景观	所在位置	澧阳街道
建成时间	明代	保存状况	完好
规模	2.7 千米	管理单位	澧阳街道办事处
资源内容描述	\multicolumn{3}{l}{　　兰江又名逆河，位于澧水左岸、澧阳街道境内，北面紧临澧州古城墙，为澧州古城外八景之一。兰江是澧县城区的重要调蓄水域。 　　兰江原来与澧水、澹水相通，1973 年多安桥堵口，2000 年为消除险情吹填文良制 1200 米河道，现在仅剩文良制至澧浦路的 2700 米河道，面积 730 亩。 　　河湖连通工程将澧水引入兰江及其他区域，澧县县城及周边区域形成了一个水体交换自如，水资源余缺互补，水流动态连续的河、湖、渠连通的生态水网系统，对打造生态文明城市，提升城乡宜居环境，构建以绿色水道为纽带的旅游观光景区，促进区域水生态改善、经济社会可持续发展具有重大意义。}

图片展示	 

附录 B 非物质类水文化资源调查登记表

表 B1   室内直观雨量器调查登记表

名称	室内直观雨量器	调查时间	2023 年 4 月 6 日
类别	涉水科技成果	线索来源	澧县水利局
形成时间	1982 年	涉及范围	全国

资源内容描述	室内直观雨量器是由澧阳镇水利管理站工作人员龚德仁于1982 年 5 月设计改装成功的，已经过实际运用检验。这种雨量器构造简单，使用方便，效果良好。 　　1985 年，经澧县科学技术委员会、计量所、气象站、水利电力局及城关镇水电管理站进行鉴定，认为该仪器处于澧县行业内先进水平，具有一定的推广价值。1986 年 11 月，该仪器获得常德地区水利电力局授予的科技进步三等奖。国家防汛抗旱总指挥部办公室经过 1987、1988 年的实践对比，肯定了该雨量器及时、准确、牢靠的优点。1987 年 11 月，该仪器获得国家专利证书（专利号 86207431），曾被销售到北京、江苏、广东等 12 个省（直辖市）。2012 年建立全县山洪灾害预警系统，由县气象局在全县布点建立雨量观测系统，室内直观雨量器被逐步取代。
图片展示	城关镇水电站工程股长龚德仁研制的 "室内直观雨量器"获国家生产专利权 （县水电局许元庆供稿）

表 B2　　　　　　　　**电排歼灭战调查登记表**

名称	电排歼灭战	调查时间	2023 日 4 月 10 日
类别	治水事件	线索来源	澧县水利局
形成时间	20 世纪 60—70 年代	涉及范围	澧县县域

资源内容描述	新中国成立初期，群众主要靠小型内燃机驱动的"抽水机"排渍，内燃机驱动的"抽水机"受功率限制，排涝效益差。1963 年 7 月王家厂水库坝后式电站剪彩发电，电能送至澧县、津市市两地，组成了"王澧津"电网，湖区电排站随之兴起，电力驱动淘汰内燃机驱动，形成了 20 世纪 60—70 年代的电排歼灭战。由电力驱动的水泵功率、流量大幅提升，使得湖区排涝保垸能力迈上了新的台阶。 电排歼灭战初步形成了澧县湖区以电力机埠为主的排涝体系，结合排水闸综合运用，极大地提高了澧县湖区堤垸排涝能力，对减轻湖区渍涝灾害、发展农村经济、促进社会稳定发挥了重要作用。

图片展示	

表 B3　　　　　　　　　　园田化建设调查登记表

名称	园田化建设	调查时间	2023 年 4 月 10 日
类别	治水事件	线索来源	澧县水利局
形成时间	1965 年	涉及范围	澧县县域范围

资源内容描述	新中国成立初期，澧阳平原并不平坦，沟港纵横，高岗低田，给群众生产生活、交通出行等带来不利影响。为了发展生产，建设高标准农田基础设施，从 1965 年先行试点，1972 年全面推开，1983 年基本结束，动员 12 万大军连续会战 18 年，把澧阳平原建成了"渠成网、田成方、树成行，居住成农庄"的现代化新农村。 　　澧县的园田化建设在 1965 年先从湖区开始，后在澧阳平原全面推广，到 1983 年基本结束，平整土地面积 30.43 万亩，其中高标准园田化土地面积 21.21 万亩，真正达到了方向一致、网路平整、丘块相等、渠路相连、排灌分家、各立门户的标准园田化，农村面貌焕然一新。

图片展示	

表 B4 澧水船工号子调查登记表

名称	澧水船工号子	调查时间	2023 年 4 月 24 日
类别	音乐	线索来源	澧县文化旅游广电体育局
形成时间	清代	涉及范围	澧水流域

<table>
<tr><td rowspan="2">资源内容描述</td><td>　　澧水船工号子是以反映船工们苦难生活和战天斗地的劳动场面为主题的一种独特的民间音乐，没有固定的唱本和唱词，具有丰富的音调、复杂的节奏变化和多声部的音乐织体，歌词内容脱口而出，触景生情，无须专门从师，全凭先人口授于耳。

　　澧水船工号子不仅忠实地记录着澧水船工们的泪与心酸，亦展现了劳动人民勇于与大自然拼搏的大无畏精神，具有社会性、实用性和艺术性，是民间音乐中一块绚丽闪光的瑰宝。为传承保护好这门艺术，澧县县委、县政府拨专款采取保护措施，澧县文化馆举办了民间音乐研究会、培训班，组织专人搜集史料。2006 年，澧水船工号子被列入第一批国家级非物质文化遗产名录。</td></tr>
</table>

图片展示

表 B5　　　　　　　　　　澧州夯歌调查登记表

名称	澧州夯歌	调查时间	2023 年 4 月 24 日
类别	音乐	线索来源	澧县文化旅游广电体育局
形成时间	清代	涉及范围	澧阳平原及其周边地区

资源内容描述	澧州夯歌也称硪歌，是流行于澧阳平原及其周边地区的，具有一定音乐节奏的劳动号子。歌曲节拍规整、音域适中，对比度很强，坚定有力，一般以一人领，众人和的形式来表现。澧洲夯歌历史悠久，最早可追溯到 6000 年前城头山古城夯筑时期。澧州夯歌内容丰富，大体可以分为叙事、抒情两大类。澧州夯歌形式多样，流传广泛，主要以口头形式传唱，无须其他乐器配合，旋律简单优美，朗朗上口，好记易学。歌词多采用比兴手法，不仅具有简约美和质朴美，同时诙谐幽默，耐人寻味，引人入胜。它的传承方式松散，无严格师承关系，以在实践中相互学习为主。
图片展示	

表 B6 **荆河戏调查登记表**

名称	荆河戏	调查时间	2023 年 4 月 26 日
类别	戏曲	线索来源	澧县文化旅游广电体育局
形成时间	明代	涉及范围	湘、鄂两省

资源内容描述	荆河戏是流传于湘、鄂两省交界处长江荆江段的荆州区、沙市区、澧县、张家界市等地的地方大剧种，已有 400 多年历史，具有浓郁的地方色彩，生、旦、净、丑行当齐全，唱、做、念、打相结合。 荆河戏起源于明初永乐年间，相传 1425 年华阳王封藩来澧州，随行带来私家戏班，拥有几十个乐户及大量剧本，经常在华阳府演出。明末清初，艺人将秦腔与楚调相结合，演变成荆河戏的"北路"，后将楚调与秦腔的南北结合，形成荆河戏弹腔。清代后朝廷禁止私蓄戏班，大量艺人流落民间，荆河戏开始在民间流传。由于根植于当地语言、风俗、乐舞、俚歌之中，所以"初学秦腔，终带楚调"，这种楚调就是区别于吴腔梆子的早期荆河戏。"南北路"解放初期为盛行期，与"楚剧""汉剧""湘剧"齐名，1954 年定名为荆河戏。 湖南省澧县荆河剧院是我国现存的唯一具有演出实体的专业荆河戏剧团。2006 年荆河戏被列入第一批国家级非物质文化遗产名录。

图片展示	

表 B7 　　　　《洞庭醉后送绛州吕使君果流澧州》调查登记表

名称	《洞庭醉后送绛州吕使君果流澧州》	调查时间	2023 年 5 月 8 日
类别	诗词	线索来源	澧县第一中学诗墙
形成时间	唐代	涉及范围	全国

资源内容描述

洞庭醉后送绛州吕使君果流澧州

唐　李　白

昔别若梦中，天涯忽相逢。

洞庭破秋月，纵酒开愁容。

赠剑刻玉字，延平两蛟龙。

送君不尽意，书及雁回峰。

作者及作品简介：

李白（701—762），唐代诗人。想象丰富浪漫，世尊"诗仙"。其流放夜郎时涉澧水、题石门、游武陵，吟桃源，在沅澧境内留下不少诗作。果：人名。此诗描写了李白送别朋友时依依惜别的场景。

图片展示

表 B8　　　　　　　　　洗墨池的传说调查登记表

名称	洗墨池的传说	调查时间	2023 年 5 月 29 日
类别	民间故事	线索来源	澧县文化旅游广电体育局
形成时间	明清	涉及范围	澧县

资源内容描述	《洗墨池的传说》故事简介： 　　洗墨池至今尚存于澧县第一中学校区内，民间流传着许多关于它的传说故事。此篇主要讲述北宋著名政治家、文学家范仲淹在澧州刻苦求学的经历，以及洗墨池得名的缘由。洗墨池及其故事传说对激励后来的澧州儿女奋发图强、励志报国产生了积极而深远的影响，已被录入澧县非物质文化遗产名录。故事讲述人为游先林，整理人为蔡祖斌，故事流传于澧县一带。
图片展示